通往内心安宁之路

新 时 代 的 灵 魂 圣 经

[美]约书亚·罗斯·李普曼 著

任海龙 译

PEACE OF MIND

Joshua Loth Liebman

中国长安出版传媒有限公司

图书在版编目（CIP）数据

通往内心安宁之路 / （美）李普曼著；任海龙译. - 北京：中国长安出版传媒有限公司，2012.5（2020.5重印）

ISBN 978-7-5107-0521-2

Ⅰ. ①通… Ⅱ. ①李… ②任… Ⅲ. ①人生哲学 - 通俗读物 Ⅳ. ①B821-49

中国版本图书馆CIP数据核字（2012）第089018号

上架建议：心灵 - 宗教

通往内心安宁之路
（美）李普曼 著 任海龙 译

出版：中国长安出版传媒有限公司
社址：北京市东城区北池子大街14号（100006）
网址：http://www.ccapress.com
邮箱：capress@163.com
发行：中国长安出版传媒有限公司 全国新华书店
电话：（010）66529988-1319
印刷：北京虎彩文化传播有限公司
开本：700mm × 1000mm 1/16
印张：15.5
字数：190千字
版本：2012年6月第1版 2020年5月第2次印刷

书号：ISBN 978-7-5107-0521-2
定价：39.80元

读者好评

这本书的观点让我喜欢：你可以逃离自己的罪错，只要你直面自己内心的冲突，认识你自己的欲望，而且，爱自己！心灵的平静不是多么难做到的事情。“爱自己”，成为最重要的前提。不爱自己，能让人做出恐怖的事情。爱自己的人是无法成为恐怖分子的，要成为恐怖分子的第一条命令就是在心里“杀”掉自己，放弃爱自己的本能。

——著名作家　连岳

李普曼先生是一位有学问的拉比。他在《通往内心安宁之路》的“勇敢爱自己”一章中指出，除非你充分爱你自己，否则你根本不可能切实地去爱其他人。很多人因为没有适当地去爱自己，而落入情绪化宿命主义的深渊中。因此，每个人都有责任去切实地关心自己，找出自己被造的意义和目的。一旦发现自己的使命，便应当竭尽所能、全力以赴，就好像上帝正召唤他去做一样。

——美国黑人领袖　马丁·路德·金

只要是想求得一点内在安宁的人，早晚会发现约书亚·罗斯·李普曼的书。他的书写得很好，文字的表达清晰动人，读者阅读之后，很难不受到他的影响。

——印度大哲　奥修

这本书揭示了人类行为的秘密。作者讲述了幸福的标准、如何掌控激情、调和个人情感、面对真实自我和对个人缺点的坦然接受。他鼓励我们接受自我和他人，认清人类的局限性。作者对人类的各种心灵力量做出了明确的定义。最后，他鼓励读者通过增强个体和集体的自尊来消除内心的不安。这是一本发现人类精神价值的经典著作。

——纽约读者　约瑟夫·马雷斯卡

我永远记得，挚爱的父亲一遍又一遍地翻阅此书。他经常说希望寻找到心灵的安宁。心灵的安宁显然不是陌生的、遥不可及的哲学概念，任何最终得到安宁的人都清楚它的真正涵义。我强烈推荐这本书，作者的各种建议并不能保证绝对能让你获得“心灵的安宁”，但静心阅读此书必会有所裨益。我要强调一点，本书的益处很难一下子全部掌握。你必须慢慢体会书中的思想火花，帮助你在光明的指引下，一步步走出心灵的黑暗。

——耶路撒冷读者　沙龙·弗里德曼

我读的是这本书的第六版，我父亲1946年就读过了！本书的主题是永恒的，应该在全世界大力推广！如果我们能够控制自己的头脑，世界就会变得美好。听从李普曼博士的建议，你的心灵就会获得无上的宁静！我要多买几册这本书，作为礼物送给亲朋好友，在假日将阅读此书的喜悦与我最亲密的朋友和家人分享。

——北卡罗来纳州读者　玛丽琳·沙梅

二十多年前，我偶然借到这本书，从中得到的人生体悟一直伴随我走到现在。在我所有渴望的事物中，唯有内心的安宁能帮助我坚持走下去。在健康、财富和幸福之外，我需要获得内心的安宁。这本书让我在人生的不断变幻中，懂得如何保持内心的宁静。这其实与宗教或励志没有关系，而是全人类的共同体会和精神需求。二十多年来，我一直在等待与《通往内心安宁之路》的重逢，但我其实早就清楚：只有在自己的内心寻找，才能获得真正的宁静。

——亚马逊网络书店读者

这本书极为畅销，仅在上世纪60年代就卖出超过500万本。李普曼的观点让人惊讶不已。如果你有勇气深入探索问题的根源，那么请千万别错过《通往内心安宁之路》。这本书专门为有成长勇气的人而写，无愧为智慧的结晶。

——亚马逊网络书店读者

译者序

2008年春天，译者的一名学生在迷茫中结束了自己短暂的生命，让身边所有的人震惊不已。

悲痛过后，是无尽的反思。放眼今天的中国校园，每年各地都有一些大学生因为各种问题走上绝路，不仅终结了自我，还为周围的人带来难以抚平的创伤。而在本该宁静的象牙塔之外，全中国每年自杀人数逼近30万，自杀率是国际平均水平的2.3倍。而那些没有做出如此极端抉择的人呢？存在精神障碍的人有多少？饱受精神痛苦折磨的人有多少？因为种种原因精神苦闷、忧郁、灰心、沮丧的人又有多少？

物质的极大丰富是我们这个时代的主要特征，但随之而来的却是精神家园的荒芜。中国人从小就生活在压力极大的环境中。甚至连上一个好的幼儿园都需要经过激烈的竞争，更不必说每年高考时千军万马过独木桥的景观，实乃世界罕见。好不容易大学读完，在越来越残酷的劳工市场环境中，繁忙的工作几乎不留给个人的心灵哪怕一丝歇脚的机会。

内心的安宁！这恐怕是多数人在养家糊口、疲于奔命的生活中根本无暇顾及的话题。

放缓脚步，休息一下吧。

翻开本书后，读者会发现，作者是一名犹太教的“拉比”，即犹太教的神父角色。他从宗教的观点和个人接触心理学疗法的经验出发，于1946年出版了这本书。本书迅速登上《纽约时报》畅销书排行榜榜首，创下了占据榜首58周、连续三年上榜的记录。

为什么当时的美国人会对这本书如此痴迷？第二次世界大战硝烟未尽，人类刚刚摆脱史无前例的浩劫，历经战火洗礼的心灵布满伤痕。如何抚平伤痕？人类内心的矛盾如何解决？人性中的破坏力量如何合理地加以释放？人类文明到底应去向何方？这些话题迫使那一代人低下头来，扪心自问，摸索治愈心灵的道路。作者独树一帜地将宗教理想与现代心理学研究有机结合，从精神修习和科学治疗的角度双管齐下，扫清了认为两者水火不容的障碍，为人类获得内心的安宁指出了一条光明大道。

诚然，21世纪的中国社会与上个世纪40年代的美国表面上大相径庭，但依照詹明信（Fredric Jameson）的理论来判断，当代中国勿宁说是前现代、现代与后现代交相杂糅的古怪混合。一方面，北京、上海、香港等国际化都会已然演变为现代化和财富展示的庞大景观；另一方面，广袤的内陆仍有数以千万计的人挣扎于贫困线上。在中国发生的一切变革，无论是规模还是速度，在人类历史上都绝无仅有。巨大的贫富差异，失落的传统文化身份，激烈的社会竞争，急速的经济地位变化，金钱至上、你死我活的社会环境，让国人的心灵世界陷入了深深的迷茫之中。这使得这本初版于六十多年前的书放到今天的中国，依然具有非常强烈的时代意义。

作者虽然用了大量笔墨来描绘宗教的理念，可能对中国读者来讲有一些陌生，但他的宗教描述均与心理学研究相结合，不但没有摆着宗教的架子排斥现代科学，反而敞开心胸，以宗教悲天悯人的情怀补充并支持着现代心理学的发展。作者从道德心、爱自己、爱他人、恐惧、悲伤、死亡、信仰等方面分别阐述了宗教和心理学的观点，逐一为读者照亮酿成人生痛苦的各种源泉，用宗教和心理学两个相辅相成的体系，来解开我们心中的一个又一个死结。

心理学和心理疗法自诞生以来，在国外风靡多年，改革开放后也逐渐传进中国，到了21世纪，更是在各个领域方兴未艾。就拿校园来说，全国各级院校纷纷设立了心理咨询室，聘请专业的心理医生为学生排忧解难。社会上的心理热线、心理咨询、心理诊所也如雨后春笋般涌现，从中也可以看到当代中国人是多么需要有人来倾听自己心中的苦闷。虽然心理治疗在今天的中国仍然是一个相对比较陌生的话题，普通大众仍然有些误解，如认为去看心理医生就代表精神不正常。但随着社会的进步，相信会有更多人能够敞开心扉，勇于面对自己的内心，向心灵的永恒宁静迈进。这本书写于上世纪40年代，心理疗法对当时的美国人也是一种陌生的事物，因此书中举了很多简单易懂的例子借以帮助读者了解心理学的研究成果；时空变换之后，我们惊讶地发现，作者多年以前的观点和笔法，非常适合今天的中国读者。

《通往内心安宁之路》不但是一座灯塔，为读者找寻内心的安宁指明方向，同时也富含了哲学价值。法国哲学家让·鲍德里亚（Jean Baudrillard）将当代社会的变迁轨迹描绘为“拟象”、“仿真”以及符号之“内爆”的机制。景观或影像僭越了时代所承载的意义，人类的现实生活竟蜕变为某种对想象的模仿。

意义真的消退了吗？或者说，马克思、弗洛伊德与雷蒙德·威廉斯（Raymond Williams）为意义的确定性而做出的种种努力，是否已然被极大丰富的物质文明所扼杀？这是许多近现代的心灵哲学家致力解决的问题。身为犹太教拉比的作者在宗教信仰的法则体系内，为意义的迷失问题提出了可供参考的路径。可喜的是，作者并未藉宗教之名排斥科学，而是积极倡导在科学与神学之间寻求缔合。内心的安宁被视为一种能量或一种物质的存在，在生成、转化与陨灭中对意义进行着生产与再生产。在这一过程中，匮乏、荒诞、苦恼与悔恨都成了带有积极色彩的话语，它们不但建构着人类的心灵世界，更为整个现代社会的症结开出了一剂温婉的药方。

如前面所述，中国拥有与西方世界截然不同的发展路径与社会基础，但笔者（包括作者和译者）坚信人性的共同基础是超越意识形态与文化屏障的。在现代化、工业化和城市化的进程中，中国人正面对的是与上世纪中叶西方世界同样的问题——如何在这种奇异且扭曲的社会现状内为意义设定形状？如何消解传统文明面临后现代解构的过程中产生的种种矛盾与分歧？科学与神学并不是唯一终极的路径，但势必能为我们提供一种有益的视角。

在翻译的过程中，点点滴滴的细节总是让译者不经意地回想起那名自杀的学生。如果我们的教育体系、社会制度能够更加关注人类的心灵，教会人如何应对内心的灰暗和沮丧，让人学会释放压力、直面生活的挫折感，也许能减少类似悲剧的再次发生。

如果这本书能够帮助读者在寻觅内心宁静的曲折道路上贡献微薄之力，也许这就是对我的那位学生最好的纪念。

本书在翻译过程中，得到美国西北大学常江博士的诸多帮助；负责推广本书的傅娉女士和吴金岭老师务实、细致的工作风格亦使本人获益良多，在此表示最诚挚的感谢。

任海龙

致读者

在今天这样一个混乱不堪的危险世界中，竟然有人撰书描绘内心的安宁，这看起来似乎有点莫名其妙。但更为奇怪的是，作者竟是一位犹太教的拉比，而他的民族在历史上所拥有过的和平实在少得可怜。尽管如此，我还是激起自己的勇气，无条件地放手寻觅灵魂的答案，希望能够解开欲望、动机、恐惧和梦想等种种人性中的重要谜团。

之所以决定写这本书，是因为我深信，只要我们每一个人还在与自己的灵魂进行“内战”，社会就不可能实现真正的和谐与安宁。内心已经被仇恨的强酸腐蚀得千疮百孔，这种人怎么能建设一个奉行合作与共赢的世界？如果每一个构建社会的人在经济、情感和精神上都感到极不安全，那么我们疯狂吹捧的“安全社会”就不过是乌托邦式的白日梦罢了。

在这本书里，我将尽力对种种困扰人类的问题进行解答，其中包括道德、爱心、恐惧、悲痛和神祇等方面。我的人生可以证明，这些答案使我的生命获益匪浅。这些最基本的问题，在任何一种社会里都普遍存在，人类只要一日没有进化为更高级的物种，就不得不面临这些问题的挑战。

人们对社会的认识和反应，会受到社会环境的深刻影响，这是事实；同样，不公正的经济处境也会给人们带来种种精神隐患，这也是不可否认的。社会改革家认为，只要还在被迫为了生存而搏命，且常饱受挫败之苦，那么人们就无法体验到真正的内心平和。这句话说到点子上了。毫无疑问，树立一个较为公正的社会秩序，确实有助于平息无数人的内心冲突和心理失衡。

奉行经济自由主义者和社会的激进革命派看到了这些事实，因此，他们指责心理学家和宗教人士，说他们的作用只是在为经济剥削这种不治之症涂抹些不痛不痒的膏药罢了，治标不治本。这些批评者的潜台词是：只要去掉经济剥削这个毒瘤，一切心灵上的问题就会彻底消失。我觉得这种看法实在是太简单化了。为了保护人们身心的健康与和谐，我们当然要建立一个有尊严的符合正义原则的社会经济秩序，因为这种秩序一旦实现，人类当代文明的许多心理问题亦会随之消失。

但是，不管在哪一类社会中，人类心理的负面作用仍然会不时出现。影响人们情感的常见因素始终存在，也就是说，无论是男人还是女，都必须学着以更好的方式来处理内心的冲突。在这点上，古人和今人没有什么不同。

资本主义也好，社会主义也好，共产主义也好，人们总要面对错综复杂的亲子、手足、婚姻等一系列人际关系，同时还要面对生与死这类深刻的个人问题。无论是在莫斯科、伦敦还是纽约，每个人都要学会理解并把握好在家庭和工作中产生的负面情绪，从容应对竞争对手咄咄逼人的好斗心态，以及在遭到排挤和打击时正视自己内心的恐惧。

与一种缺乏人性、竞争残酷的社会制度相比，在一个以合作共赢为准则的社会中，人性定然会发展的更为健全。在温饱、安全和尊严的问题都能得到保障之后，对于个人来说，最为重要的事便是去寻觅那来之不易的精神财富了。

社会精英们无时无刻不在奉献着自己的人生，满怀信心地力促社会的变革。每一个有思想的人都应该对他们的劳动创造心存感激。我们应该加入到他们为之战斗的队伍中去，在全世界范围内普遍实现经济自由、政治民主和工业化。与此同时，我们还必须认识到，只有健全的人，才能建立健全的社会！有时候一个人会因为对最亲密的人抱有负罪感而忧心忡忡，他想去爱别人，但却迷失了方向，畏畏缩缩、死板麻木，结果在外人眼中显得很冷漠；有时候一个人又会莫名其妙地感到恐惧，一旦亲人去世或不经意间想到自己的离去的事实，马上就会心惊肉跳、沮丧万分。许多宗教典籍只会使阅读者深感自己罪孽深重，而许多心理学图书虽然想给人带来抚慰，但却把读者说得晕头转向，误以为自己是不正常心理的病例，徒然增加了内心的不安。因为不知道怎样寻找恰当的指导，人们只好把烦恼和忧愁过多地藏在心里。

我的个人经历以及我作为犹太教神职人员的职业生涯，让我得以与大众产生广泛的接触，也使我认为不妨让一个宗教人士来写一本书，以便阐述一下现代心理学在人们身上到底发现了什么，为什么我们有时会憎恨自己和他人，为什么我们的内心会感到恐惧，以及为什么我们会对人生失去了信仰。在这几个问题上，本书也许会给心存疑惑的现代人带来一定的帮助——我们应该如何去改造自己，改善自己的个性与人际关系，并升华我们的思想境界。

这本书的主旨，在于向读者呈现心理学关于人性的见解精要，向大众传达心理学给人类带来的振奋人心的启示，这就是：任何人都可以让自己的人生更加美好，都蕴藏着无限的潜力。本书的另外一个重点，是将这些新发现与真正的内心领悟及人类灵魂的永恒目标结合起来，在更广泛的心灵舞台上进行开放的讨论。

Contents | 目录

第一章　内心的安宁

第一节　神的礼物

第二节　宗教与心理学的共同目的

“内心的安宁”是神赐予他心爱子民的一份特殊的礼物。

第一节
神的礼物

想当年，在我还是个小伙子的时候，满脑子都充斥着稀奇古怪的想法。有一天突发奇想，便着手列了一份单子，自认囊括了世人公认的人生“快事”。有的时候，人们会把自己所拥有或渴望拥有的财富列成一个单子，我的这份清单也是出于同样的道理。不过，我列在纸上的，是种种红尘世俗的欲望：健康、爱情、美貌、才能、权力、财富、声望，以及其他另外一些我认为是幸福人生必不可少的因素。

单子写好后，我感觉十分自豪，匆忙拿给我青年时代的导师过目。他是一位睿智的长者，也是我青年时代的精神楷模。我之所以这么积极的想拿给他看，是想给他留下个好印象，让他觉得我这个人兴趣广泛且聪明智慧。单子交给他后，我满怀信心地说：“这些就是一个普通人渴望追求的一切。只要能拥有这一切，就会像神仙一样逍遥自在了。”

从这位老朋友的眼角里，能看出他由最初的饶有兴致很快转至思索状态，好在他还是坚持看了下去。“这份单子列得还不错”他若有所思地说

“内心的安宁”——这是神赐予他心爱子民的一份特殊的礼物。

道，“每一项都很重要，先后排列的顺序也有一定的道理。但是年轻人，我觉得你漏掉了人生中最重要的一样东西。如果没有它，你所拥有的一切都会成为痛苦的源泉。这样一来，我认为这张单子将会成为你生命中无法承受的一种负担。”

“那，”我非常不安地问：“单子上到底少了什么东西呢？”

只见他拿了一杆笔，在单子上打了一个大大的叉，把我的青春梦想一笔勾销了。随后写上了几个字：内心的安宁。

“这是神赐予他心爱子民的一份特殊的礼物。”他说，“神确实把才能和美貌赐予了许多人。而财富到底要多少才能算多呢？名声其实又有什么可贵的呢？但是，内心的安宁却是他最赞许的奖赏，这是神仁爱的最高体现。神把内心的安宁赐予凡人的时候是很小心的，大多数人一辈子都无福享受，而其他人则穷尽一生都在等待这份礼物的从天而降，却等到头发都白了，也看不到半点影子。”

他似乎从我紧锁的眉头中看到了疑虑，继续道：“这并不是我的创见，”他解释说，“我只不过是把《圣经》的赞美诗马可·奥勒留[①]和道家老子的看法用简单易懂的道理说出来罢了。‘神啊，宇宙的主宰者，’每一位圣哲都曾感叹道，‘把凡夫俗子梦寐以求的东西全部堆积在愚人的脚边吧。但求您将平和的甘露洒在我的头上。请您赐予我一份心灵的礼物，让我永远拥有宁静的心灵。’”

当时我根本想不到、也不愿意相信这位犹太教拉比导师竟然拥有如此大智大慧。但是，我在后来二十五年的个人经历和职业观察中，逐渐意识到他的说法确实有如神谕。我终于明白，内心的安宁正是神本身所特有的

---

① Marcus Aurelius，121–180，古罗马皇帝、斯多葛派哲学家，被称为哲学家皇帝，著有《沉思录》。

品质。每当人们深刻思虑自己的人生后，都希望将其视为人生旅途最终的目的地；我终于知道，尘世间的一切财富即使全部堆积起来，也不一定能够营造对等，甚至更多的心灵宁静；我也发现，即使某些人身无分文、体弱多病，却依然可以感受到他们平静如水的心胸。这个发现的过程非常痛苦，但我最终承认，内心的安宁能将草棚茅舍变为玉阁华堂，而如果缺少了它，即便外表如宫殿般华丽，实质上也会形同牢狱。

我们其实从未停止过追求这种内心的平和。仔细倾听佛陀、迈蒙尼德[①]或阿·坎贝[②]的教导就会发现，虽然他们的教义各有不同，但几乎都建立在探索心灵宁静的基础之上。特别是今日，当人们的祈祷飘上天庭，祈求造物主恩赐时，我们需要的是内心的宁静，守卫神圣的心灵免受外界侵扰。

一个心智足够成熟的人，不会只追求片刻的虚荣，当他们沉沦于痛苦的深渊而大声嘶喊时，心中渴望得到的是力量、勇气和理解。现代人仿佛在一条狭窄的小路上前行，而小路的两旁便是比但丁笔下和多雷[③]画中都要恐怖的地狱深渊。在心灵的焦虑、感情的冲突、经济的崩溃、政治的起伏等多重打击下，现代人就像一只被拔去羽毛的公鸡，惊慌失措地在文明的旅途上踉跄着，这只公鸡曾在啼叫声中迎来了无数朝阳，现在却不得不担心命运正磨刀霍霍，准备拿它开刀。

艾略特[④]笔下精疲力竭、可悲可怜的当代人普鲁弗罗克感到害怕了！在恐惧的重压之下，他疯狂地想要通过创新技术、发明某种仪器来救赎自己，在迎接新挑战的同时，还要为自己鼓劲去面对原有的危险。事实上，他（以及全人类）需要的并不是让人放心的答案，也没有现成的答案可寻，他

---

① Maimonides，1135–1204，犹太哲学家。
② Thomas A Kempis，1380–1471，德意志修道士，著有《效仿基督》。
③ Gustave Dore，1832–1883，法国插画家，曾为《圣经》及但丁、弥尔顿、塞万提斯等人的作品作插画。
④ Thomas Stearns Eliot，1888–1965，英国诗人，代表作《荒原》。

任何一个社会的重建都应建立在个人的思想先得到重建的基础之上。只要个人的内心处于失衡，社会就永远不会稳定，内心的安宁是平衡个人和社会不可缺少的前提。

需要的是内在的平衡——内心的安宁，只有这样才能抵御混乱和灾难。

内心的安宁绝不意味着我们应该为避开名利场而躲进象牙塔里，也不是怀特海[①]所指出的那种“消极的麻木不仁”。相反，它应使我们心平气和，甚至热切地去接受命运的打击，因为，我们很肯定，命运的打击并不会使我们偏离生命的创造航道。

严肃的社会改革家也许会十分真诚地问：“今天这个社会，人们有权享受内心的安宁吗？当全世界为了重建文明而忙得翻天覆地时，我们谁有资格来考虑这件事呢？”对此，我的回答是：“任何一个社会的重建都应建立在个人的思想先得到重建的基础之上。只要个人的内心处于失衡，社会就永远不会稳定，内心的安宁是平衡个人和社会不可缺少的前提。”要想使这种平衡稳固且经受得起考验，我们必须回到灵魂之中来实现。“人们必须从心中搭起拱柱来支撑灵魂的殿堂”马可·奥勒留说，“否则，心灵的殿堂就会摇摇欲坠，最终崩塌化为灰烬。”

这个任务可就艰巨了！显而易见的是，内心的宁静不是可以花钱买到的东西，它不像化妆品那样可以直接涂抹在肌肤表面，也不像饭前按时服用的药片一样操作简单，更不像每周一次的夜校课程那样按部就班地进行着。有时候我觉得，长时间陶醉在高尚的文艺作品中能带来内心的宁静，但是，我很快又想到，那些最伟大的学者或艺术家之中，不是也有很多可怜人的内心一直惶恐不安吗？于是，用不停歇的创造来填补灵魂深处渴望的安全感。诚然，光有一脑子知识，并不能为人带来内心的宁静！就像歌德笔下的浮士德：他通过刻苦学习，掌握了科学、哲学和数学等方面的知识，但其心灵仍然饱受痛苦的折磨，以丧失灵魂为代价一次又一次地体味魔鬼开出的条件。

---

① Alfred North Whitehead，1861–1947，英国数学家、哲学家。

在名利场上，人们很难做到心平气和。弥尔顿[①]将名利称为“伟人的宿命之症”。财富好比是饮用水，即使抓在手里，也难于保存，时间久了更有变质的一天。似乎没有一样事物可以让我们心气平和，因为一旦停止追求，被其一时麻痹、缓解了的神经又会立刻感觉坐立不安。

如此，我们应该转向何方寻求指导呢？当然不可能是酒精或安眠药，它们所带来的危害早已人所共知，我们也无法在感官刺激中求得永恒的安慰，虽然有太多商家在宣传产品或作品的过程中无意间美化了这种行为，但不可否认的，一时的快慰不是安宁的本质，反而会带来更多的痛苦。

有时候，当我们在聆听贝多芬乐曲的饱满和弦时，会变得心平气和；在倾听肖邦优美的《夜曲》时，也得以从音乐声中得到一些慰藉，不过，这虽然能让人一时镇静下来，却并非百试百灵。在这个世界上，能够从格列柯或康斯特布尔的传世名画中找到“内心的安宁”，从而得到慰藉的人，实在是凤毛麟角。伟大的画作在色彩、比例和内在构图等方面已达到了一种均衡，让品阅者能够从中实现某种程度上的心灵安宁。但是，由于画布受二维空间所限，并不能充分展现具有无限、多维度的人类心灵。

那么，在对心境平和的无尽追求中，我们该到何处去寻求，向何地去申诉，采取何种态度，或是遵循哪些原则呢？这些中肯的问题值得我们深入思考，以便能够找到相应的答案。

解开这些谜题的钥匙在马修·阿诺德那首著名的诗歌《恩培多克勒斯在埃特纳火山》里。恩培多克勒斯是一位古希腊哲学家，他站在埃特纳火山上自说自话，通过观察山下的普罗大众，研究他们的喜怒哀乐，他面临的问题与我们今天讨论的主题非常相似：人能否在永恒的不满中寻觅到短暂的满足。恩培多克勒斯认为，人们内心无法宁静的罪魁祸首就是自身，

① John Milton，1608–1674，英国诗人，代表作《失乐园》。

诗人用“始终拒绝向内心寻求”！向我们揭示了探索问题过程中遇到的阻碍，即视“顽固”正常化的心态。

因此，他平静地宣布：

内心的安宁并不是遥不可及
但我们始终拒绝向内心寻求……

诗人用“始终拒绝向内心寻求”！向我们揭示了探索问题过程中遇到的阻碍，即视“顽固”正常化的心态。我们就像顽固的病人一样，知道自己身体染病，却不愿服下治病的良药；知道自己的病会把憔悴、衰老等迹象显露在脸上而逃避照镜子。也许你要说：不！竟敢要求我们向内心追根溯源，一直追溯到那不为人知的苦恼灵魂？这真是无理的要求！可是，比起让治愈的可能性变得微乎其微，继续怯懦、自欺的活着，通过溯源来找到问题的答案又有什么不妥呢？

寻找心灵之路

实际上，“向内心寻求”并不简单，但方法的确存在，就直至近代仍在心灵方面呈垄断地位的宗教而言，精神上的冥想向来是通往彻悟的途径之一。冥想者如果能通过摒除杂念与自己的心灵直接进行对话，就一定会受益良多。早在两千多年前，犹太教就很清楚冥想还具有治病的功效，因此创造出许多神圣的节日，以实现信徒进行自我沟通和忏悔。

天主教有一种方法很有效，即“良心的检查”。信徒们在进入告解室之前，必须检查一下自己心灵的状态，列出自己所犯罪行的清单，包括主动所犯和过失之罪。由此，能更直观的清楚自己的不足及问题所在。（这种方法的局限性我们容后再谈）不可否认的是，自我忏悔确实是探索内心深处的一种实用工具，也同样可以作为通往彻悟的一种路径。

冷静的去审视不同的自己，弄明白个中的缘由，我们才有勇气坦诚地讨论那些一直为情感所困扰的人性问题，从而达到内心的安宁。

在过去的半个世纪，特别是最近十年间，人们已经研究出了一种新的方法，能够让人类发现威胁心境平和的深层情感和心理因素。这种方法的开创者便是弗洛伊德，他发现通过分析精神领域中各种深层的本质来源，可以解读这些本质性的能量为什么，以及在什么时候，以什么方式会转变成各种精神性疾病。

虽然反对者中不乏无知或满含敌意者，但弗洛伊德开创的精神分析学还是顶着压力，取得了巨大的进展。在治疗精神性、体质性和情感等诸多疾病方面，已成为一种实用性很强的治疗方式。在这里，我并不是想介绍这门新的学科，只是想说明，在目前所有已知的向内心寻求答案的方法中，它是揭示人类真实天性的最深刻的方法。这面精神分析的镜子以最直接的方式，揭示了我们内在的诸多缺陷。许多人无法正视镜中的自己，升起恐惧和不安。最普遍的错误看法是，认为精神分析只会把人描绘成一种卑劣的动物，有着种种令人恶心的欲望。的确，精神分析就像在我们本能的性冲动和爱恨情感中照下了一束令人尴尬的强光，将它们毫无保留地暴露在阳光下，但这光只是为了驱散眼前的浓雾，使我们有机会能够了解自己的不健康心理而已。我们只有借由此种形式的"照耀"，才能更清晰地感知到自己不仅有发现美、创造美好事物的正面能量，也含有巨大的消极负面能量。冷静的去审视不同的自己，弄明白个中的缘由，我们才有勇气坦诚地讨论那些一直为情感所困扰的人性问题，从而达到内心的安宁。

从社会心理学的角度出发，在我们还处于婴儿期的时候就已经开始有了各种复杂的情绪及思考的方式。如：在喝奶的时候会感受母亲的心跳，由此体会最初的情绪波动；对没有及时满足像换尿布这类生理需求时，会感到恐惧、惊慌和气愤；会与自己喜欢的人亲近，显示出高兴的情绪，也会对不喜欢的人不理不睬。婴儿的情感尚且表现得如此丰富，那么，对于那些已经离开了摇篮和幼儿园，正值青春年少，甚至是已进入社会的人们，我们又将怎样描绘其心灵的复杂性呢？在成长、成熟的过程中，大家或多或少都会遭遇不同程度和频次的挫折与失败，其间有多少人感到迷茫无力，又有多少人自残自虐、自暴自弃呢？眼看社会上越来越多的精神病人、施暴者、自虐者，我们不得不承认这一现象仍有逐渐蔓延的趋势，必须先为纷乱的心灵重新描绘勾勒出一幅崭新、可靠、丰富的导航图，才能去探索这个极为复杂的内在世界。

在这个世界上，有一种彩笔能够绘制出这样一幅详细的地图，那就是现代心理学。在心理学专家的指导下，我们只要无所畏惧地凝视内心的本我，就能发现自身的缺陷和潜能；学着用双手去摸索，去研究挫败、仇恨和恐惧的根本原因；学会如何描绘心灵的图画，即弄清楚自己到底是个怎样的人！通过心理分析，我们可以看清自己并非日常里想象中的那个人（或他人口中的那个自己），然后才能重塑真正的自我，使我们有能力以更为理性的心态去接受那些出现在生命历程中的不满、挫败，甚至是死亡。

我的意思并不是说，除了弗洛伊德开辟的道路之外，便再无别条抵达心境平和的途径了。人类历史上无数的圣贤、修行人、诗人和哲学家，他们通过各种各样的方法到达了相同的地方，我们不应该也不能忽视他们的存在，否则就太荒谬了。实际上，人类的奇妙人生充满了对未知领域的不确定性，仅仅以心理学来阐释显然是不够的。像其他学科一样，心理学只是打开心灵圣殿的钥匙，而非圣殿本身。我个人认为，心理学可以与宗教合作，共同致力于大众，只有这两座伟大心灵灯塔上的光源汇聚成一柱，才能指引个体或民族穿越前方布满重重暗礁的危险海峡，向前迈进。

新的方向

宗教于心理学的助力，可以泛指精神智慧和伦理戒律。人类从远古时期开始发展至今，已经逐渐沉淀出了一套久经考验的真理，以指导人们的观念和行为，使人们能够在俗世的生活中获得精神的快乐和幸福。当宗教作为真理的载体时才能对人们加以道德上的规范，为人们提供情感上的动力，帮助人们一步步实现个人及社会和谐发展的目标。

想要达到内心的安宁，就不得不去注意宗教赋予我们精神的启迪，这是任何一门科学都无法赐予人类的礼物，它包含着使人了解自身的意义、人与宇宙的关系、友爱的温暖，以及对道德和精神目标的思索。概括来说，宗教承载着人类的最高理想。但另一方面，我们也必须承认，如果想将这种理想付诸在人们的生活实践中，仅凭宗教自身的作用是不够的，人们还需要从其他方面获得协助。

比如，心理学就是最好的盟友，它所展示出的是关于人性的内心：为什么人性之善与我们的实质仍然相隔万里？相信如果善男信女们仍然处于痛苦不堪、无聊透顶、抱残守缺的生活中，宗教的理想再伟大也始终难以实现。

由弗洛伊德开创的精神分析学是现代心理学的一个重要分支。在亚历山大、霍尼和曼宁格等现代心理学者加以发展后，我们已经凭借其研究清楚："人格分裂者"的成因，以及类似于"人们为什么对自己和他人常常抱有愤恨和残忍的态度"。而当代宗教若想实现真正幸福的理想，就势必要将精神分析学的宝贵经验加以吸收和消化。但遗憾的是，许多宗教的教条一直未能跟上大众不断变化的需要。这得追溯到西方宗教产生的年代，在那个科学尚未发达的历史背景下，心理学还不是如今我们看到的这个样子。诚然，前人有前人的考量，许多宗教圣哲就曾深入到人心中那不为人知的秘境进行冒险，为后人留下了许多宝贵而直观的智慧。但是在如今这个心理学极为发达的时代，那些产生于文明早期的宗教教条、圣哲的智慧已不能满足当代形势下的更多新要求了，如此便需要用其他学科来丰富和补充。

宗教如果漠视，甚至是反对具有创新性的精神分析学，那么它将在争取完美人生的目标中丧失最有力的盟友。在宗教的发展史上，这种情况不是第一次发生了，在人类发展的进程中，宗教曾多次与新发现的真理相碰撞、抵制，结果造成天文学、物理学、生物学等学科从此与宗教分道扬镳。宗教神学家常常错误地认为，由他们来传达神的旨意，就是神之智慧的终极展现。不幸如伽利略，他只是对神的法则产生了别样但不乏深刻的见解，便受到了当时神学家们的大力排挤，此类事件是新认识与旧观念之间存在矛盾且处理不当的结果。

时至今日，历史仍在以某些特定的方式重复着：个别宗教界人士拒绝承认神已经赐予了人类更新颖且极有效的工具，来分析人的心灵及其种种复杂行为背后的运作模式。他们承认科学及其研究成果，却坚持认为，在人的行为和道德领域内，只有宗教才拥有最终的发言权，丝毫没有意识到，这种观念其实是根植于已经过时且早被时代所淘汰的“历史残垣”，令人难以领受。

睿智的宗教领袖已经意识到，把真理和过时的僵化观念划上等号是一种错误，人类在追求自我实现的过程中，只要出现有利于人类进步的事物，那么它便可能是神的最新启示，而心理学的很多重大发现，无疑是神向人类赐予的最新礼物。故而，宗教应积极、主动地吸收有关人类心灵方面的最新知识，学习来自心理学和临床医学的种种新课题或研究成果，如：行为动机、冲动、爱、恨、恐惧等等。

在今天这个让人手忙脚乱的嘈杂世界里，我们需要一种平和的信念，既包含历史智慧的精华，又拥有新时代的全新思索。这种新的信念的确是存在的，我们也可以找到它最有效的工具。先知们创立的宗教在今日的盟友就是富有启示性的心理学。现在，宗教和心理学出于各自所需，互相结合起来，正同心协力，携手共进。

“宗教真的能与心理学和解了吗？”

如果能以这种理由和解，这着实让人感到欣慰。那些心地善良的人们，应该可以轻松地理解宗教和心理学和解相融的理由。现在，让我们弯下腰来，将眼睛对准这个心灵的放大镜，来比较一下宗教和心理学的异同吧。

第二节
宗教与心理学的共同目的

宗教的终极目标非常明确：实现美好的人生。

人们对于宗教的争论集中在：宗教抑制人的激情与冲动，并以此来激发人性中最美好的一面。要是传统的宗教方法是正确的话，那么现代人为什么还如此需要心理学呢？要是心理学可以解决一切问题，那么宗教又起着什么作用呢？极端主义者借此宣扬，在这两者之间存在着根本的矛盾，如果我们希望被“拯救”，要么选择心理学，要么选择宗教，别无他法。

这种敌对的观点源自腐朽落后的人神关系观念。持有这种观点的原教旨主义者，反对在人类对真理和道德的追求过程中，把宗教的绝对地位拉低哪怕一点，与其他追求平起平坐会让神的纯洁性受到玷污。他们认为，宗教的追求至高无上，与科学、哲学和艺术等领域的追求是不可同日而语的。他们的神永远只会用一成不变的口吻对人说话，而我们作为可怜而渺小的听众，没有必要对他那永恒不变的旨意做出任何修改。

另外，同样抵制真理强大影响的，还有一些处世相对封闭的科学家，

通过宽恕，可以求得心理上的健康。这种宽恕不只给予他人，而且还要付诸己身。当我们无法实现自己定下的人生目标时，切勿折磨自己。

他们的思维、生活，研究都只局限于冰冷的实验室。对于这些人来说，神是一个遥不可及神话，宗教被视为有组织的迷信活动，人是一种动物，灵魂是脑海中的臆想，而永生更是痴人说梦。所谓“美好的人生”，既不值得羡慕，也和是否对神足够谦卑无关，更谈不上有什么可以确信的人生目标。

这两派及其它阻碍真理宣扬的言论，使人们渴望真理的呼唤埋没在迷惑、不安、等待与遗忘中，但是精神上的救赎与解放已呼之欲出，也正是因为对于真理的无限渴望，人们才能够开放思维，将宗教和心理学合二为一，发挥出最大的精神能量。

这种结合并非无足轻重。它是世界上出现的又一种新事物，是古老心灵智慧和现代科学发现的完美融合。古老的宗教信仰与现代心理学众多新发现在很多方面都并行不悖，这实在令人惊讶。比如说，宗教向来就强调人与人之间的一致性，这种看法是来自于人类的共同性理论，即种族内部存在着共同的兄弟情谊。今天的心理学在宗教的画布上添加了新的色彩，对人们道出了一个事实：每个人都有相似的长处或缺憾。人们的恐惧和忧虑虽然形式各异，但除去外在表象后，人的恐惧大同小异：害怕孤独、害怕被排斥、害怕比不上别人、害怕情绪失控、害怕生病、害怕死亡等等。比起肉体的欲求，人类精神上的饥渴甚为一致：渴求爱、渴求认同、渴求理解、渴求安全、渴求归属感，以及渴求与苍茫宇宙（至高无上的神）心灵相通。

在历史上，宗教一直强调宽恕及其重要性。心理学对这种远见卓识做出了现代的诠释，指出通过宽恕，可以求得心理上的健康。这种宽恕不只给予他人，而且还要付诸己身。当我们无法实现自己定下的人生目标时，切勿折磨自己。人们须从情感上意识到：每个人的生活都是由失败与成功交织而成的，每个人的内心都有善恶、正邪两面。心理学家认为：只有宽

心理疗法的作用与宗教的激励的作用是相似的，因为二者都致力于维系人的情感和心理健康，使人得以像神一样完整合一。

容一个人（包括自己）的个性，同时宽恕他的缺点，才能实现内心的安宁。

宗教一直都强调自由意志的重要性，而自由意志的核心就是人的责任心。现代心理学研究表明，很多人在承受了太多内心冲突的折磨后，就像被束缚住了手脚一样，无法形成自己完整的核心观念，树立自我的价值观。某些优柔寡断的人，会像钟摆一样在两种极端之间来回摇摆，只有让其洞见内心无法对自己负责的真正原因后，才有可能产生“自由意志”，拥有健康的人格，从而为自己的决定、自己的生活承担责任。

宗教一直都在提醒人们来自自大和虚伪的带来的危害，警惕愤怒和残酷无情对心灵的侵蚀，并告诫人们必须时刻保持情感和行动的一致性。这些宝贵的经验已经在心理学的研究中得到了验证，证明这些教诲有助于人们摆脱沮丧、自满、虚伪及残忍等负面影响，及功利主义所带来的诸多精神危险。

天启宗教[①]认为，这个世界充满了可以推动人类社会向前发展的资源，人类自身也存在尚未发掘的善和创造力。神已经为人类创造出拯救自我的神奇工具，这些工具之所以能为人类所用，正是由于科学家、心理学家、临床治疗专家的创造性劳动而得来的。

宗教历来强调一体性：不但神具有一体性，且人与自身也是一体的。在这方面，也与心理学的理念相近。精神分析学的创立者西格蒙德·弗洛伊德，尽管他本人可能没有意识到，但他的确为心理学注入了一股灵魂般的气息。既然神具有一体性，而每个人都是按神的形象创造出来的，那么，那些人格分裂、内心混沌不堪的人实际上是否认了自己具有神性。在这里，心理疗法的作用与宗教的激励的作用是相似的，因为二者都致力于维系人的情感和心理健康，使人得以像神一样完整合一。

① 指通过神使或先知的启示而传播的宗教，一般指犹太教及基督教、伊斯兰教。

宗教与心理学并非是敌我，而是相辅相成的。在宗教最为薄弱的地方，心理学能够给人以很大的帮助，反之亦然。心理学不可能完全取代宗教，宗教也不可能阻止心理学的发展，阻止它拯救那些沉迷在痛苦和迷惑之中的人。饱经苦难的人类需要宗教、也需要心理学。人们不应该为神的启示或心理学的启示哪个更正确，而争执不休。只有把这两股神奇的力量汇合起来，我们才能找到内心的安宁。

如果我认为，只有心理学和宗教这两股力量汇合起来，现代人才有可能求得内心的安宁，那么，对于一个虔诚的教徒来说，我是不是在宣扬异端邪说呢？如果我认为，宗教虽然取得了许多成就，却也造成了人们精神生活的痛苦，会不会被人认为是要革掉宗教的命呢？

一言以论之，宗教既然已经与哥白尼和达尔文的学说和平共处，那么，我相信它也必然要和弗洛伊德的学说和谐共存。在现在这个时代，除了原教旨主义者还在反对之外，宗教与现代天文学和现代生物学已无太大的矛盾。宗教与科学之间争斗了数百年之后，终于签订了停战的和平协议。我深信，社会需要成熟的个体。而想要实现个体的成熟，又离不开依靠成熟后的宗教观念。

我的读者显然不是那些能够从传统信仰中得到满足的“幸运者”，也不是那些自有办法求得心境平和的神秘主义者。我希望本书的一些观点，对于那些心存不安，但仍希望凭借自己的能力不断寻找答案的人们，能有所帮助。那些坦然地接受现代心理学成果的宗教，即焕然一新的新宗教够消除人性的邪恶，洞悉人性的黑暗而又不因此而胆怯，对人类的天性和能力既不盲目乐观、也不消极悲观。这种宗教不但能够描绘出美好人生的蓝图，还能帮助人类实现这个梦想。在现代心理学的协助下，宗教一方面能够更加深刻地揭示，为什么人会互相敌视而不是相爱；为什么人会感到恐惧；

河水终会汇入大海，至于流经哪条河道，神并不在意。他把生命之水掌握在自己手心，观照着每个信徒为得到心灵的救赎走过命中注定的道路。各种宗教、意识形态生生灭灭、往复循环，但人走向神的旅途却一往无前，永世如一。

为什么人会屈从于种种病态的表象，以及为什么人会去抱怨万能的神。另一方面，它还能够向人们展示，如何获得自由意识下的道德观；更加真诚的爱；更为坚定的勇气，以及构建人与神之间真切的心灵沟通。

当我对读者阐述这些“异端邪说”时，我仿佛看到过去那位精神导师那干瘪的嘴唇正露出赞许的微笑（尽管他早已离开现实世界了）。记得他曾经告诉过我：“河水终会汇入大海，至于流经哪条河道，神并不在意。他把生命之水掌握在自己手心，观照着每个信徒为得到心灵的救赎走过命中注定的道路。各种宗教、意识形态生生灭灭、往复循环，但人走向神的旅途却一往无前，永世如一。”

第二章　道德压力下的懦夫

第一节　人是有道德感和灵魂的造物

第二节　心理分析和忏悔

第三节　良心的掩饰

能意识到善与恶的不同，这就是人的天性。

当人无法按照内心的某种道德标准来生活时，就一定会感到内疚。这说明人的确是一种有道德感和灵魂的造物。

第一节

人是有道德感和灵魂的造物

法国怀疑主义者蒙田曾经以温和的口吻说："人是一种不道德的造物，却又不可避免地要去做与道德有关的事情。"人出于生命的需要，可能会掠夺成性或是多行恶端，但同样亦会寻求真善美的真谛，这就是人的本质所在。如若缺失理想，生命本身便不具意义。如同一些树木天生就会开花结果一样，能意识到善与恶的不同，这就是人的天性。

如果人类的本质中不存在这些潜在力量，那么将永远无法为自己打造出各种是非标准或远大理想。虽然无数先贤一直在指责人类犯下的种种罪恶，但他们非常清楚，人不光具足四肢手脚，其内心还拥有某种"微弱的声音"。故而，当人无法按照内心的某种道德标准来生活时，就一定会感到内疚。这说明人的确是一种有道德感和灵魂的造物。

康德曾说过，在他眼中，神最伟大的创造是群星闪耀的天空及人类灵魂里深谙的道德心。弗洛伊德曾嘲讽般地补充康德的话："闪亮的星空当然非常之美，但是，就道德心来说，想必连神也会后悔创造出这么一件粗糙的作品。”他之所以这样说，是因为在指引我们人生的旅途上，道德心经常扮演虐待狂般的奴隶主、自暴自弃的复仇者、兢兢业业而又自卑自责的掮客等诸如此类的低劣角色，道德心在这些方面所造成的不良影响是不可估量的。人类的大部分精神疾病和肉体痛楚，各种各样的恐惧、忧愁、焦虑和仇恨，都是源自不诚实的道德心，而这种虚妄的道德心，乃是在生命的旅途上，由人类自己在无意中以各式各样的行为撒播下的。

当然，世界上还是存在真实的道德心的，它并不包括自我仇恨，也不是指一味强调自己一无是处。弗罗姆[①]认为，这种真正的道德心“构成了健全人格的一部分，只要按照其要求去做，就是对全部自我的肯定”。这种道德心是成熟的真正标志，我们可以在文艺、医疗、教育等行业为从业人士所规定的自我标准中；在用爱心来抚育后代的每一个父母的身上发现它。同样，我们也可以在伟人，如罗斯福、林肯等乐于发扬公益、救济贫弱者的言语中听到道德心的声音。这种声音是人对其同胞之爱的最高肯定，也是神借助其子民而发出的召唤。

“道德”真史

但遗憾的是，道德心的声音并不总是以如此崇高的形式表现出来，它通常是经由圣保罗、圣奥古斯丁、加尔文和路德等人之口发声，为人性的残忍所困扰。他们的宣扬契合了一些西方宗教的诉求：“速速赎罪！你们这些渺小的人形虫！拿起棍子惩罚自己！砸烂自己！扬起道德的皮鞭，处罚你们有罪的灵魂吧！你们实在配不上神对你们的眷顾。”

看到这种流传甚广的扭曲观念，我们不应该去指责神，而是试图正见

① Erich Fromm，1900–1980，美籍德国犹太人，著名心理学家，精神分析社会学的奠基人之一。

并接受，宗教特殊观念形成的特别原因，即在文明初始，宗教为了出示道德心，必然先要引入“罪恶”和“责任”的观念，以驯服人的原始本能，阻止谋杀、乱伦和同类相食等恶行的发生。通过设立相关禁忌，搭建起指引人们驶入文明初级阶段的含有约束意味灯塔。下面就简单描绘一下发展的过程：

宗教刚产生的时候，人类正开始脱离野蛮的阶段。当时对人类社会来说最急切的需要，就是在一个仍然混沌无知的世界中，实现一夫一妻制、家庭荣誉、手足情义及社会正义等方向的崇高理想。于当时的社会时代背景，的确有必要将善与恶施行某种程度的切割，以形成分明的道德观，唯有这样做，方能对原始人类的邪恶一面加以驯服和控制，让善良的本能得到释放。在向全体人类散播神的福音之前，宗教必须在原始人类罪恶心灵的海滩上竖起坚固的滩头堡。

弗洛伊德通过研究发现，那些关于人类文明早期发展的科学理论，对于人类个体的童年时期来说也是适用的。当我们还是孩童时，无法区别善与恶或分辨出虚构和事实。父母的权威会多少压制住我们的叛逆本能，为了使孩子的身体和精神能够很好的发育和成长，大多数父母选择将孩子的自由、自主和独立等价值观的发展尽可能延后。在婴儿期到青春期的各个发展阶段，宗教设下了种种关于道德行为的戒律以规范人的成长，还是很有道理的。正是通过这些规矩，道德心才得以顺利的编织到人格发展的连绵画卷之中。

但是在此过程中，为保护儿童而设置的屏障，却变成了阻碍人格发展的牢笼，这种情况实在是屡见不鲜。总是依赖他人，我们就会变得性格柔弱，致使许多人不敢把自己从过去的枷锁中释放出来。如果宗教的观念不正确，还会进一步加剧这样的恐惧，使本该有能力区分幻想与现实的人无

如果恶意被逐出人类光明的意识世界，便会另转它途。否认幼稚、羞耻、愤怒等情绪就好似掩耳盗铃，目力虽不得见，却不能否认其存在的客观事实，藏得愈深反而危害愈大。

法摆脱儿童期的道德心束缚。

从古至今的宗教导师，能明智区分不道德的思想和不道德的行为间差异的人不在多数，故而认为不道德的想法与不道德的行为没有什么差别的观点盛极一时。基督教在欲望等同于犯罪这一教义的深刻影响下（如《马太福音》就认为，只要心中起了淫念，就算是犯下了通奸之罪），告诫人们必须压抑每一个邪恶的念头，以免永坠地狱。

在与邪恶的斗争中，基于历史所限（如前所述），几乎所有西方宗教都坚持认为：只有通过自我压抑，人才能实现“善”。期望用这种方法来捂住“罪恶”那讨厌的噪音，结果收效甚微且影响至今——现代人心灵上极为普遍的痛苦、疾病和忧虑。

很显然，以克制和坚忍来获取生活的幸福，既妨碍了人类的个体生活，也相当程度的阻挡了整体社会的进步。“压抑”这种模式已经难以指引人类实现美满的生活。

道德解读

真实的情形是什么？

是我们大家都会产生不道德的想法，做不道德的梦，这是每个普通人一生中不曾或缺的东西。我们不可能做到心如止水般地存在，但若一味的把杂念往心灵黑暗深处塞，天长日久的积攒下来，必然会导致犯罪感或犯罪行为，甚至是自我毁灭的突然爆发。

如果恶意被逐出人类光明的意识世界，便会另转它途。否认幼稚、羞耻、愤怒等情绪就好似掩耳盗铃，目力虽不得见，却不能否认其存在的客

我们应该放下矜持，大胆承认人的能量大多源自本能的性欲，然后再把这些能量转变或升华为对艺术、科学；真、善、美等崇高的理想与追求。

观事实，藏得愈深反而危害愈大。在近于粗暴的抑制下，那些反常的、怪异的种种欲望会变得怒不可遏，变换成新的形式伪装自己，欺骗我们。因此，这些负面能量就成了我们最可怕的内在敌人，直接危害便是：腐蚀我们的神经；扰乱我们的心境；拿失败感来折磨我们，增强沮丧和自卑心理；妨碍我们的自主发挥作用，难于决断。由此，我们可能还会患上高血压和胃溃疡等疾病（梅约诊所的阿尔瓦雷茨医生称胃溃疡是“文明的伤痕”）。

我们不可能完全压抑住原始冲动，而且也不应该这样做。要知道它也有好的一面，在人类激情洋溢的欲望中孕育着巨大的能量，这种能量完全可以成为对社会有利的元素，这需要一个升华的过程，它是人生中最深刻、最崇高的精神修行。很多社会和思想活动的能量来源，便是最原始的欲望“利比多”①。有的外科医生童年时有对刀具的强烈好奇心及较强的切割欲望，终于成年后练就成高超的手术技巧，这就是欲望得到升华的绝佳事例。我们既不能否认自身存在的本能欲望，也不能任由这些贪求为所欲为，这不就是人类所谓的责任感吗？我们应该放下矜持，大胆承认人的能量大多源自本能的性欲，然后再把这些能量转变或升华为对艺术、科学；真、善、美等崇高的理想与追求。

现在，心理学鼓励人们把内心生活中阴暗、尴尬的东西暴之于外。已经有数百个心理诊所和实验室在治疗方面取得了重大的成果，使精神分析学名声远扬，并以无数真实的案例渐渐打消了我们对其疗效的怀疑。人们借由“说出”内心最深处的想法，通过“释放表征”②，将深埋在心灵中的多数定时炸弹变成哑弹，这个方法屡试不爽，非常奏效。

心理疗法通过仔细分辨思想和行为，暴露出人性欲望的真正内涵及它在人类精神世界中的作用，找到了一个相对科学的办法来解决人类内心邪

① libido，是一种力量、本能，有时表现为性本能。
② 表征是认知心理学专业术语，指外部事物在心理活动中的内部再现。

恶的问题。几十年来，大量的研究数据显示出，人类抵制反社会本能冲动的最佳方法不是否认或压制，而是勇敢承认并正视这些冲动！

把饱受压抑、深藏不露的冲动用语言表达出来，的确可以减弱来自欲望累积所促成的爆发力，及其显而易见或暂时潜伏带来的危险。乍听起来，这个观点可能显得自相矛盾，但我们现在已经能够确认，当普通人掌握了用语言来表达那些内心深处的欲望和愤怒时，那些有破坏性且不道德的冲动就更容易被我们控制住。如此，卸掉包袱后的红男绿女们就可以愉快地离开诊室，轻松地将身心投入到更有意义的工作与生活中去。

疾病和痛苦有时会奇迹般地突然消失。心理医生在诊断一个受到高血压、溃疡、哮喘等常见病折磨的病人时，会鼓励他道出内心的焦虑、冲突、愤怒，要求或心愿，让病人认识到，他可以用言语表达出潜伏在内心的强大反社会欲望，而不必担心话从口出后会产生相应的行为影响。

我们的“邪恶”想法其实并非罪大恶极，它只是鼓励我们去承认这些念头不过是可以理解的幻想罢了。有了这样的态度，我们的自我意识便可以清楚理智地面对这些“恶”的想法，解除其武装，甚至转化为富有创造性的动力。

第二节
心理分析和忏悔

你可能会问："可是，忏悔也同样鼓励人们'说出'内心深处的想法啊？"这与此前所讲的"说出"又有什么不同呢？

向基督教的神父或犹太教的拉比忏悔自己的罪过，与向心理医生吐露自己的焦虑，无论是在形式上，还是在内容层面，这两者都有很大的不同。首先我要指出，那些开明的神父由于吸收了许多来自精神探索领域的新知识，能够在聆听忏悔的同时给人以真正的帮助。其次，一些教区的神父和拉比由于掌握了有关人际关系和行为动机方面的较多知识，在给出宗教方面的忠告时，也能向头脑混乱、处于痛苦中的人提供一些有益的帮助。但是，宗教上的忏悔虽然能在一定程度上减轻烦扰，但通常滞留于表面，很少有人能够通过忏悔，对自我及人生就此产生出深刻的洞察力，使本性的内在也发生更持久的改变。宗教忏悔的目的是救赎，而心理疗法更重解脱。

从根本上来讲，忏悔只能让人越发地内心有愧。想要忏悔自身罪过的人去找神父，就像是犯错的小孩去找父亲一样：寻求宽恕，并期待受到责罚。他从以往的经验中了解，根据犯下的罪孽程度不同，必须付出相应的代价。在犯错、忏悔、接受神父谴责这一循环中，几乎无法体验到内心的启示。不可否认，通过忏悔的确可以获得一定程度的轻松感，但是就深层而言，忏悔者的性格结构若没有得到实质性的改善，也就无法靠此形式展露出他“犯罪”的原始成因。

让我来举个例子吧：一位内心惶惶不安的已婚男子虔诚地向神父坦承自己有婚外恋的事实。他清楚地意识到，自己的行为会给妻子和家庭造成巨大的痛苦，也知道这种做法是错误的。神父还是严厉地告诉他，无论是在神的眼中，还是凡人的道德观里，通奸都是一种丑恶的罪行，应该立刻结束这种不正当的男女关系。当时，这位忏悔者做出诚恳的承诺，但经过一次次痛苦的内心斗争，又开始明知故犯，无力克制自己的行为。

神父的建议之所以失败，就在于他没有深入分析这个男人婚外情的内在原因。神父唯一的忠告就是让这个不忠的丈夫拿出更大的“意志力”以“远离”情妇。每个神父其实心里都清楚，这样的忠告往往是不起作用的。

弗洛伊德曾对此类现象发表过颇为风趣的评论。他讲过一个故事：

有个乡下人第一次进城，晚上住进了一家旅馆。就在他准备上床睡觉的时候，这个乡巴佬想像吹灭蜡烛那样吹灭电灯，不管他费了多大力气去吹，电灯都根本不灭。最后他终于明白，只要按一下房间角落处的一个开关，电灯就会灭掉。

对于通奸者来说，道理往往是同样的。必须告诉他开关在哪里，他才能了解如何控制自己潜意识里的“强大电流”。心理学通过回顾其过往经历、剖析其行为成因，就是告诉他“开关”在哪里，教会他如何及时切断生活中那些不必要的“电流”。

要想使心境平和并拥有成熟的道德心，前提是必须理解自己，而不是对自己妄加谴责。一个人只有毫无畏惧地正视自己的本性，才会逐渐明白一个成熟的人应该怎样做事。

心理学的治疗方法并不会使寻求帮助的人心中产生一种“道德上犯了罪”的感觉。病人还会发现，即使吐露出内心的欲望和焦虑，也不会受到来自医生的惩罚。患者可以愿意说什么就说什么，不必谨慎地选词造句，也不必考虑吐露了心声会受其后果的影响。医生既不会一味赞同受访者的做法亦不会横加否定，而是对其表示理解。这样做能使人如释重负、心境平和，产生一种疾病已然治愈的感觉。并没有人告诉他应该做什么或怎样做，但他通过这种方式得以坦率地面对自己、独立做出决定，直接或间接地提高了自己解决心理问题的能力。此后，当他表达出愤怒、反感、好恶、情欲和妒忌等情感时，便会正确地看待这些心态了，同时也能从中认识到，人不能通过长期压抑自我冲动来扰乱生活的情感系统，这种做法非常荒谬亦极不正常。患者终将慢慢明白，这些东西产生的根源来自于童年时代混乱与不安的情绪，在他现已成熟的价值观念中，这些烦人的情绪早已没有了那时的意义。在接受心理治疗后，就能够以全新的姿态从另一个角度看待这些情绪，并毫无顾忌地把它们束之高阁了。

宗教采用忏悔的方法，而心理治疗则使用平实的语言来表达，这二者之间的区别就是如上所述的内容。如果一个人只能依赖宗教导师来告诉他什么是正确、什么是错误，那他多半会生活在阴影之下，终日为无法摆脱的罪恶感、内疚感和焦虑感所烦扰。除此之外，只有不断和神父谈话沟通才能从神父那里“借来”道德感，那么他的道德观也将出现危机。由于那“微弱的心声”不是他自己发出的，而是重复他人施加在其自身的要求和禁令，故而，难免会成为依赖于他人，只愿服从于外部戒律的道德奴隶。

那些在心理疗法中“得救”的人，可以从自己的本性中吸取许多教训，其中最为宝贵的是：要想使心境平和并拥有成熟的道德心，前提是必须理解自己，而不是对自己妄加谴责。一个人只有毫无畏惧地正视自己的本性，才会逐渐明白一个成熟的人应该怎样做事。那些童年时期和青春期出现的各种“妖魔鬼怪”本该早已被忘记，如今却禁锢在精神的牢笼中无法解脱。这些各种吓人的念头、可怖的幻觉、罪恶的梦魇，只要用语言把它们投射到意识的屏幕上，就可以对其加以管理，即唯有我们勇敢地去正视这些东西时，它们才会化作青烟消散。随后，我们就可以自信地对自己说：“令人厌恶的念头、对情欲的渴望、抛弃自我的倾向等等，这一切我早已经熟识了。我再也不那么害怕和恐惧这些“妖怪”，是因为知道只要将它们关在心中的某个角落不予理会，就会在今后的某一天讶异于其成长后的高大身影，而一旦看清你们的真实面孔，这些影响便不过渺小如沙粒般再难迫使我去做出无德的暴行、害己害人的事情，当然，也无法继续操控我的人生了。”

下面假设一个普通的例子来进一步解释这一解放的过程：

某人在年轻时爱上了一位年轻漂亮的姑娘，不幸的经历使他们劳燕分飞。但是，他却始终记得这位梦中情人婀娜多姿的身影，拒绝了生活可能带给他的一切幸福。他深信，如果得不到他心中唯一的爱人，一切终是枉然。多年后，他偶遇一悍妇，这位悍妇胡闹聒噪、满脸褶子，一眼看上去就知道她是个性格暴躁、心地狭隘的泼妇。使我们的男主角惊讶不已的是，这个女人竟是自己失散已久的旧日恋人。此时，他终于明白，往昔在她身上看到的诸多美德，实际上都只是自己内心一厢情愿的幻觉而已。眼看这个他曾经深爱过并为之抱憾终生的女子，在现实中竟然是如此模样，终于自此看清了自己多年来一直试图逃避现实的真相：原来自己在情感上成了年轻时代幻觉的奴隶，竟然被其左右了如此漫长的时光。在彻悟中，他获得了新生的力量，将自己从记忆的枷锁中解放出来。剥下那些曾被自己理想化了的事实面纱，他发现自己曾经是那么可笑，如此一来，他心中那萦绕不去的痛苦也就一下子消逝了。

同样的，被我们狭义理解了的道德心常常也会显露出它的真面目：一位声音粗哑、人见人怕的悍妇。

许多才华出众的人之所以选择走上绝路，就是因为他们一直未能学会、也未能去理解接受一个基本的道理：每个人的身上都存在着人性中普遍的低俗欲望和冲动。

第三节
良心的掩饰

道德心经常戴着各种各样的面具来“报复”我们。伪装后的道德心像一个很爱折磨人的虐待狂，被它虐待的受害者经常患上疾病亦或为之疯狂，甚至是自杀。心理学通过对人类心灵的深刻剖析指出，人之所以萌生自杀的念头，很可能是强烈的负罪感在道德心的驱使下逼迫自杀者以结束自己的生命来进行赎罪。人们希望以牺牲自己的身体来为其“罪孽”做出补偿，但所谓“罪孽”通常不过是些微不足道的小错误，或是可以通过其他途径改正的小过失而已。

身心医学是当代科学的新成就之一。它提出，许多才华出众的人之所以选择走上绝路，就是因为他们一直未能学会、也未能去理解接受一个基本的道理：每个人的身上都存在着人性中普遍的低俗欲望和冲动。

这让我想起以前曾认识的一位很有才华的年轻人，他年纪轻轻就因为哮喘窒息而死。原因是他在母亲去世后，娶了一位母亲生前不喜欢的姑娘，心中存有极大的负罪感。尽管迎娶了一位美丽的太太，过着近于完美的夫

正是这种恰当的、持久的道德观创建了一个平衡于我们周身的宁静磁场，使我们得以与生活的一切境遇合整如一。

妻生活，但在其内心深处却无法承受对母亲内疚的重压，终于卧床不起长达五年，过早地离开了人世。

很显然，道德心不应该建立在刻板又低质量的价值观上。对于成年人来说，要想达到心境平和，就必须拥有一种更为宽容的道德观。如今我们已能通过大量事例认识到，存在于人心之中的反社会冲动在受到否认和压抑时并不会奇迹般地消失，越是把冲动当做罪犯来粗暴对待，它们就越会用残忍的方式回敬我们。一个人如果极力想要在头脑中、在幻想里把这些冲动牢牢压制住，那他的肉体和精神就会不可避免地受到重创。

宗教应该向心理医师学习，鼓励人们在能适应种种不为世俗所接受的冲动的同时使其升华，并用更为宽容的行为和价值标准来指导自己的生活。作为一个成年人必须意识到，每个人的内心都存在着各种违背社会公德的欲望和幻想。当这些东西在脑海中冒头后，只有宽容地加以承认，不简单地对其进行压制，才能在日常行为中摆脱这些冲动的支配。

此外，每个正常人（也许他们自身并不清楚）实际上都拥有高尚的、可信任的道德心。值得庆幸的是，神向我们显示出了他所特有的神圣性，就像地球始终保持在轨道上旋转前进着一样，正是我们心智健全的心灵推动着社会和人类的不断进步与发展。纵使在生活中，我们会不时遇到各种诱惑，但大多数人还是逐渐形成了正常的意识，即能够正确地区分善恶。也正是这种恰当的、持久的道德观创建了一个平衡于我们周身的宁静磁场，使我们得以与生活的一切境遇合整如一。

我们将身体的健康托付给了感知、神经和消化系统，同时也应当在心灵上学会信任自己的道德心。

一位著名的哈佛精神病专家曾提到过一位年轻的妇人，说她常常在心中浮现犯罪甚至杀人的念头，且非常害怕自己有一天真的会付之于行动。

经过质询后发现，她的丈夫离家参军去打仗，却再也没能回来。过去，她对丈夫的依赖性极大，且习惯性地认为只有完全按照丈夫的行为准则行事才能安然度日。可如今那些往昔作用于身的庇护都随着他的离开而远去了，于是，在她心里便产生了一种不正常的恐惧，担心自己会屈服于内心邪恶的念头而干出伤天害理的事情。这位心理学家最后成功地使其认识到，她跟所有的正常人一样，都拥有自己合理的行为标准，只是她从来不敢使用罢了，就好像一个人担心自己的腿部肌肉力量不够而不敢走路一样荒唐。事实是，我们完全可以放心走路、放心生活，没有必要庸人自扰。

清楚了道德心如何运作之后，宗教还必须从心理学中学会心理治疗的方法。举例来说，第二次世界大战中的部队医务人员在治疗战时疲劳及战后继发症的过程中，通过不同的心理学疗法，逐渐掌握了救治的法门：让战士们用言语表达出他们的恐惧感、负罪感和焦虑感——即构成道德心的三大元素。这种以语言的方式取得的象征性解脱，挽救了成千上万受到肉体和精神双重折磨的士兵。一位领会并受益于此的下士心怀感激地说："把我的恐惧用话语一字一句地表达出来，原有的恐惧感就像水蒸汽从壶里蒸发出来一般，在我的身体里自然驱散了。"

别看茶壶个头很小，一旦把它密封起来放在火上烧，膨胀的热量最终在挤压下突然爆发，很有可能炸毁一座房子。但若让威力巨大的水蒸汽慢慢从恰当的出口泄露出去，茶壶就会唱出动听的歌！

结语：

我在这里不是建议每一位读者都要特意去心理医师那里寻求帮助。只要与值得信赖的朋友、兄弟或伴侣进行坦诚的沟通、消除心中的疑惧，往

我们既不是顽皮淘气的孩子，也不是白璧无瑕的天使；我们只是再正常不过的凡夫俗子，没有一个人的思想是完美无缺的。

往就能驱逐游荡在道德心中的鬼怪。当我们向任何富有同情心的倾听者敞开心扉时，那些淤积的负担往往就会插上翅膀飞入云霄。在诉说的过程中我们也会发觉，倾听者也可能不时地冒出类似愤怒的情绪或粗鄙的念头，两个人通过相互接触、共同体验对方的情感，最终会使双方都得到释放。

宗教宣扬全知全能、宽容仁爱的神的存在，希望借此来使人求得内心的安宁。但实际上，大多数宗教中仍旧存在着无法消融的愤怒、惩罚和自我责难。那些无法摆脱惩罚阴影的人会逐渐变得怯懦，就像一个终日害怕自己会做错事的小男孩，担心愤怒的父亲会惩罚自己。我们必须抛开这些恐惧，同时清楚地意识到：我们既不是顽皮淘气的孩子，也不是白壁无瑕的天使；我们只是再正常不过的凡夫俗子，没有一个人的思想是完美无缺的。

爱默生曾说过："神所创造的一切事物，都带有缺陷。"这种看法使我们既感到安慰，又觉得自己其实是那么的渺小和脆弱。这句话似乎为我们点出一条真理：在神的耳中，那最为动听的乐章，是勇敢的人类用残缺的心灵唱出的大合唱，在这回荡的乐声中，人类以不完美的形式赞颂着神的完美之爱。

第三章　勇敢爱自己

人们真的天生就会对自己好吗？实际上，我们往往对自己比对他人更严厉、更盲目、更残忍。

人们对待自己的态度非常复杂，就像我们对待他人的态度一样繁复，有时候甚至比对待他人还要难于理解。

第一节
人们不会天生对自己好

宗教在分析一个人对其他人的责任方面往往诠释得非常到位，但解析各人对自己的责任时却稍显天真，这种现象实在是一种巨大的讽刺。宗教认为，应该对人类相互间的行为进行明确的教化，但同时又认为人本性具足聪智，所以在如何正确对待自己方面，自然可以无师自通。这种看法不得不说是一种误解。

事实是这样的：应该教导人们去认识，对他人的残忍和粗暴是不道德的；同样，对自我的仇视也一样是不道德的。

每个人都兼具爱与恨的情感，这种感情既会投射在他人身上，也会放映在我们自己身上。现代心理学的一个伟大发现是：人们对待自己的态度非常复杂，就像我们对待他人的态度一样繁复，有时候甚至比对待他人还要难于理解。《圣经》中的十诫有一条是：“像爱自己那样去爱你的邻居。”这句话放置于今，可更妥帖的诠释为：“如果能适当地爱自己，那么你一定也会爱你的邻人。”

人们真的天生就会对自己好吗？事实上恰恰相反，在实现的过程中，可能会因为受到某种误导而做出“傻傻”的决定。实际上，我们往往对自己比对他人更严厉、更盲目、更残忍。

有一位杰出的社会改革家，曾收到一位来自上流社会妇女的来信，说想要报名参加由他主持的社会救济工作，去帮助纽约市的那些贫困儿童。她在信中谈得比较仔细，还写到了自己的一些缺点，并表示希望能够通过积极参加慈善事业来克服自己的这些缺欠。改革家给女士回了一封短信：“亲爱的女士：您那了不起的缺点在我看来不亚于用“崇高”一词去定义的优点。尽管您看似有这样那样的不足，但这丝毫不妨碍您伸出手去帮助那些可怜的孩子。但我仍要负责任的建议您，首先要更好地去爱自己，然后再将您无私的爱倾注于别人身上。”

某些深具权威的伦理学家和宗教界人士在听到这种话后，可能会义愤填膺：“你传播的是一种十分有害的主张，”他们可能还会指责，“你怎么能建议人们去爱自己？这不是对自私自利表示认可吗！人们对自己早已爱过头了！我们必须教导大众自爱是邪恶的，必须克服自爱的私心，而人生的真正目标应该是抛开自我，以忘我的利他主义态度为社会、为人类更高的价值而努力。”

宗教一向对利己行为加以谴责，同时对无私奉献颇为提倡。毫无疑问，它强调的是人应该拥有一个富有价值的目标，这一点无可厚非。但如果用这个标准来判断人性的话，就难免会有所偏差了。

人们真的天生就会对自己好吗？事实上恰恰相反，虽然我们可能是真的希望对自己好一些，但在实现的过程中却可能会因为受到某种误导而做出“傻傻”的决定。实际上，我们往往对自己比对他人更严厉、更盲目、更残忍，这方面至少可以从自杀、自残；酗酒、吸毒、滥交等自我虐待的行为中看到。

并非只有性格软弱或精神不健全的人才会如此对待自己。美国著名的散文作家约翰·杰伊·查普曼也同样会被认为产生过极度的自我憎恨。譬如，

适度的自爱，从某种更深的意义上讲，就是我们必须先在自己的内心深处搭建好健康、适宜的内部关系，而后才谈得上与他人形成良好的外部关系。

有一次，他和关系一般的一个熟人吵了一架之后，竟然一下子把手伸进了熊熊烈火里，导致手臂大面积烧伤，只能忍痛截肢，终究造成无可弥补的遗憾；画家梵高也由于类似的原因，失去了自己的一只耳朵；另有一知名报社的编辑，为了对自己的一次放荡行为表示忏悔，竟然纵身跳进装满开水的浴缸里。当然这些都是非常极端的案例，但在普通人的生活中，这种自残、自我伤害的情景也是层见迭出的，只不过换种方式，又或程度不那么激烈夸张的发生着罢了。

这些行为不但对我们自己来说是一种罪过，对整个社会而言也是一种“犯罪”。如果人连自己也要去憎恨；不能够充分肯定自己的才能、能力；疏于尊重自己的感情，那他势必也不会尊重别人，更别说赢得他人的尊敬了。当这种人在其兄弟、朋友身上发现自己从前的影子时，他在内心深处便会升起难以名状的仇恨，这愤怒的火焰就此被点燃，再难泯灭。可见，在一个人人团结友爱、手足情深的社会里，自爱是实现个人心境平和的基础。

这里所说的自爱，当然不是指放纵自己、爱慕虚荣、自命不凡，更不是无所顾忌的放任自己去满足各种贪念和欲望。我只是想要强调“一个人必须对自己抱有友好的敬意”。适度的自爱，从某种更深的意义上讲，就是我们必须先在自己的内心深处搭建好健康、适宜的内部关系，而后才谈得上与他人形成良好的外部关系。

今天，凭借心理学的伟大发展，我们认识到，无法达到心境平和的部分原因就在于尚未学会如何善待自己，亦不懂得去善待他人。关于虚假的自爱和具有破坏性的自我憎恨，心理学已向我们揭示了种种隐藏在表相之下的深层原因。而在此基础上，宗教完全可以与心理学结盟，用各自的方式共同求证什么是真实的自我。

宗教的关注重点是如何实现对“自我”的真正的爱。它始终重视每一个人的人格价值，也就是所谓个人所拥有的神圣性，但在人类历史上，宗教却始终未能实现。一方面，专科医院里汇集着一些伤害自己，甚至不计后果的极端分子；另一方面，不同世界的各角落中，都存有以自我批判和自我贬低等方式来残害自己心灵的人。

由此，真的是时候应当反思一下，我们在处理哪些事物方面的态度不够真实、明朗，并继续深入探寻心理学是怎样发现人类时而变幻莫测，时而又自相矛盾的心理现象的。

人的自我并不是先天赋予的，而是逐渐形成的，并非静止不变的产物。

第二节
自我的形成

自我以及“自我”的形成，恰如任何传奇故事那样迷人。在这样的传说中，充斥着数不清的英雄或是恶棍，还有上天入地的冒险以及许多无畏的“战斗”，当然这其中也蕴含了各式各样的失败。人为了能够获得成熟的自我和心境上的安宁而踏上了这条道路，但却未能及时觉察旅途中密布着的种种危险、障碍和错觉。最危险的看法莫过于：人在出生时，自我便已植入人类自身的本质，且永难改变。

真是大错特错！

人的自我并不是先天赋予的，而是逐渐形成的，并非静止不变的产物。一旦从神的脑海中衍生就已经完全成熟，这种说法显然只是一种臆想。与此相反，自我的实现就像是贯穿于我们一生的一场持久战，在这个漫长又艰苦的过程中，我们遭遇各色猛兽、“邂逅”亦真亦幻的鬼怪，各中经历可谓千辛万苦，然而，恐怕即便是在生命的最后一刻，我们也难轻言是否已经如我们心里预料的那样实现了完整自我。

成长经历

“自我”开始成长之始，即在这个传奇故事的开端，我们将要面对的是一片混乱的场面：目力所及的是光影朦胧、模糊难辨的身形；耳力得闻的是轻语安慰，亦或令人心惊的大声吼叫。当我们摇摇晃晃的在地球上站稳脚跟时，焦虑不安的心灵才得以渐渐平复，慢慢地开始想要学着拟草出这个世界的秩序以及模式。只是，在此过程中，我们能够从周边的成人那里觉察到各种对立和紧张的情绪，并受其影响，毕竟我们的情感尚未通达，会因缺乏保护而极易受到伤害。

在这个陌生王国度过的童年时光虽然短暂，却也使我们逐渐适应了周围的环境。尽管如此，在那些隐而未现的阴暗的角落里却总是潜伏着各种危险，我们的情感就好像经历着草原上忽起的阵阵寒风般不知所措，颤抖不已。眼看新生的弟弟妹妹为父母所宠爱，我们心中那份沉睡许久的嫉妒和疑忌就会突然爆发，随之而来的是恐惧和愤怒、不安及痛苦。嫉妒和控制欲仿佛时刻紧抓着我们拥有优先权的这根“小辫子”，慢慢拉扯我们成长过程中那一道道动人的明媚阳光，让我们的生活随之黯然失色。

日月如梭，在这个被唤作“童年”的小小岛屿上，我们慢慢地成为了它的主人，但随后，我们又会被赶往另一个更加陌生的地带——学校。在这个小世界中，我们既被五光十色的事物所吸引，又对迎面而来的未知领域感到恐惧。如，处理与周围小伙伴的竞争关系、经营各类人际关系；化解与他人那令人尴尬的力量差异，以及去调整青春期烦躁、易怒等不稳定情绪的考验等等。凡此种种挫折或失败，都会阻止我们去直面拥抱那些在成长旅途中让人或悲或喜的时刻。在这种心态下，我们不禁渴望退缩回童年时期，想要恢复作为一个孩子时的天真无邪，永远将自己完全封闭或保护起来，与现世隔绝。

处于青春期阶段的孩子常常会不想长大，渴望回到童年时代那个让他深深迷恋的“特权王国”。因为在那里没有如此多的竞争，且此刻的经历已经足以让他应付所有难题了。

从情感上说，人生的每个新阶段都具有一定的破坏性，它有时迫使我们只能在残垣断壁中收拾起那些还有价值的砖瓦，利用早先已经得到的虽零碎却宝贵的经验，再一点点慢慢构建起新的建筑，以便更好地适应人生的新环境。这种经历有利于我们融入不同时期的发展变化中，待进入成年阶段后，就会意识到即便失去了童年时期的种种特权，依然能够心安理得地接受这种“损失”。

这时的我们，已经能够做到正视与同龄人的竞争；快乐地将真实的自我（包括天赋），勇敢地展现在他人面前；静候即将到来的挫折，以及懂得如何忍耐等待接受惩罚时的内心焦虑。过往的一切经验使我们有了更为清醒的认识：道路就在自己脚下，既然已经行至于此，便再无回转的余地了，一旦我们胆怯后退，反会萌生出更多的痛苦和不幸。

分岔口

可惜的是，在走向成熟的道路上，并非所有人都能顺利通过挫折所设的种种考验。有些人永远被困在了个人成长的早期阶段，心智发育未及成熟：他们因为家庭矛盾、父母离异、不受至亲宠爱或肢体残障而受人白眼、欺负，这些经历扭曲了他们成长中的自我。最终，他们中的一部分人无法理智地去爱自己，以至于对自己产生病态的厌恶，百般排斥。

有时候这种现象还可能呈现出另一种异常心理——自恋，它源于自我压抑、自我贬低，并使人陷入臆想世界中的自我陶醉，我们还应去关注，在其自恋的同时所掺杂的自卑情绪。

举个常见的例子，相信能更清楚的说明这一点：

有一个非常渴望得到父母关爱小男孩，他的父母彼此不合、相互憎恨，且把夫妻间的怨恨也转移到了孩子身上，认为男孩的出生是种负担，对他们而言，人生自由路上不需要这样的“绊脚石”。孩子在屡遭父母的排斥后，沮丧地发现，这个小小的愿望怕是无望实现了，自己原来是如此一文不值。于是，为了弥补内心的空洞，他竭尽全力地去“爱”自己，将自己当成是父母的化身，对自己病态般地宠爱，就这样这个小男孩逐渐成长为“公民凯恩”[①]。由于极度自恋，他被自己囚禁在空徒四壁的牢笼中，无法接受别人的爱，也不能将自己的爱与他人分享。这种自恋模式并不是前面涉及的自爱的良性版本，它扎根于一种劣等的情感——往往来自于从小就被人拒绝、被迫带上虚伪面具的个人经历。

在《无因的反叛》(*Rebel Without a Cause*)这本书里，作者林德纳博士（Dr. Robert Lindner）研究了一名23岁罪犯的违法成因。将其犯罪倾向向前追溯至童年时代，他发现，这个小伙子的父亲是一个虐待狂，而他母亲也没有足够的能力保护他免遭父亲的“毒手”。随着年龄的增长，他觉得在这个世界上没有人能给予他真情，而自己是孤立于其他人的。人世间刻薄如此，与其形单影只、孤立无援，不如将所有人分成两类：陌生人或是敌人！想要活下去的唯一办法就是用枪口对准他人。幸而，小伙子在心理医生充满关怀的治疗下，逐渐放下了这种扭曲的自爱，渐渐地开始变得开朗，不再害怕向别人敞开心扉，也懂得了如何体谅他人，最终成为对

① Citizen Kane，美国电影，故事以一位报业大亨凯恩之死揭开了序幕，通过他的人生起落，见证了一桩资本主义神话下的复杂真相。于1942年荣获奥斯卡奖14项提名。

社会有所贡献的合格公民。

有些患上自恋症的人会对自己爱的要命。他们在自己那封闭房间里的四面墙上都镶满了镜子，以供自我欣赏，直到被自己的影像所淹没和窒息。在长诗《约翰·布朗之躯》（*John Brown's Body*）里，贝内特（Stephen Vincent Benét）在对南方美人露西的深度刻画中，生动地描绘了一个下场悲惨的自恋者形象：露西顽固地停留在病态扭曲的自恋世界中，一想到自己要嫁人，被别人占有身体，就极度反感。诗中，她站在镜子前，向镜子中的自己袒露心迹，所述言语令人深思：

"宝贝，我爱你。"她低声说道。
"我爱你，宝贝。
我比任何人都爱你，对不对，宝贝？
除了露西，谁也不知道你是多么的可爱。
宝贝，你千万不要结婚，
千万不要离开我。
在所有人眼中，我们两个会永远漂亮可爱，
对不对，宝贝？"

"我们总是合着动人的乐曲，
和风度翩翩的男士共舞。
你不可以离开我，宝贝。
你如果这样做我可无法承受。
绝不要为了任何人而离开我。"

这种自恋情结表面上是自爱，实际上却是带有虚假成分的情感——过度沉溺于自我，这并不等同于自尊、自爱。公民凯恩和贝内特笔下的露西都是个体心智早早停止成长的绝好例子，这类人往往看不到自己无力爱护

学会善待自己往往比学着善待他人还要难。在人类逐步迈向个人成熟的旅途中，会时常贬低和摧残自己。人们之所以更残忍的对待自己，就是因为自我和我们如影随形，无碍到连做梦都会出现。

自己的局限，和缺乏自信的内心。前者总是觉得自己一文不值，希望通过以其他方面的努力来填补深深的自卑感，而后者认为自己可爱到完美，然而在假象的背后，是她对现实极为恐惧、始终不敢抛弃这个完美形象的真我。

希尔德博士（Dr. Schilder）在他的著作《人的目标和欲望：人生的心理调查》（*Goals and Desires of Man：A Psychological Survey of Life*）中指出，患上自恋症的病人在处理社会关系时，总是报以一种扭曲的态度：他们只会将别人看成是爱的赋予者，以他人对自己的褒奖或欣赏作为衡量自己的标准，一旦未及尺度，就永远不能对自己满意。

以自我为中心一旦过了头，就会对自己施以惩罚。过度宠溺自我会产生大量的能量，如果这些能量能够在对自我美化的白日梦中找到得以发泄的渠道，就会不再关注正常的追求，或在意对外界爱的渴望，而将全部精力都倾注于自身。这就好比在他们的身上寄生着一条精神绦虫，它会不断吞噬爱、赞美等精神食粮，随着身体的成长发育，食量也会越来越大。可以预见的是，这种自恋式的病态模式将会导致婚姻解体、破坏商业合作、疏远挚友，甚至还有可能扼杀人世间最强烈的感情——亲子之爱。事实上，人人都无法满足虫子足够且对味的口食，也不愿意这么做，最好的办法是让它食不果腹，而非我们自己。

学会善待自己往往比学着善待他人还要难。在人类逐步迈向个人成熟的旅途中，会时常贬低和摧残自己。人们之所以更残忍的对待自己，就是因为自我和我们如影随形，无碍到连做梦都会出现。正所谓知难行易，瞄准自己这个“固定靶”可要比去攻击他人的“移动靶”要轻松得多。人们虽关注于自我，却并不一定如想象般爱自己，我想历年来久居不下的自杀率就很能说明问题的严重性了，更别说那些与自寻短见一般无二的行为，比如虚耗自己的才华、肆意挥霍体力和精力、丢弃自己的梦想等等。

美国知名作家菲茨杰拉德（F. Scott Fitzgerald）就曾因对自我抱有错误的认知而一蹶不振，这是美国文坛近二十多年来最为惨痛的悲剧之一。如此才华横溢的一位作家，本该前程似锦，收获更多的喜悦及财富；在生活上亦安逸舒适，顺风顺水。但他却一直被非理性的自我疑虑和自我怀疑所折磨着，即便是在他个人的全盛时期，也是所著甚少，而后终因对自我的极度厌恶而导致在事业上碌碌无为，生活亦每况愈下。

第三节

因自卑而自毁

我们总是觉得自己的邻居多么能干、多么好、多么有影响力，事实果真如此吗？放眼望去，有多少人出于自卑心理而对自己百般刁难、蔑视，甚至是残忍伤害，使得本该加持在自己身上的尊敬和仁慈消失殆尽，这不能不叫人觉得悲哀。自卑感是自我怨恨最普遍的症状之一。当我们在邻居面前自惭形秽，抬不起头来时，对自己的贬低和蔑视也就应运而生了。我们渴望能像邻居那样生活；买同样的服饰、家具，或让自己表现得优雅大方。对别人的能力和本事过分夸大，就是将自己困在他人人格的祭坛前鞭笞自己。这种心态的荒谬就在于：一方面，我们把自己视为一个“过程”，需要不断发展和成长，却往往只看着眼前的方向不愿负担过去“成就”的那些缺点和不足。另一方面，在我们的眼中邻人的形象已被看做是完美的“杰作”，起码表面上显得自信满满、光鲜亮丽。其实，每个人身上都有因为失败而留下的“疤痕”，每当忘记这个事实的时候，请低头看看自己身上那些深浅不一的新伤旧患，何苦再那么刻薄的对待自己呢？

很多女性总是感到非常自卑，觉得自己根本“不配嫁个好老公”，结果常常与合适的求婚对象擦身。本来双方的匹配度很高，婚后亦会幸福美满，但因无法克服自卑心理致使两人的既定关系岌岌可危。除性别因素外，在其他方面也能看到类似的现象。有的商人对自己缺乏信心，因怕一朝功败垂成而不敢轻易扩大业务，也由此断失了宝贵的商机；有的职员总自认为没有显著的能力或出众的点子，而周围的同事都比自己强；有的学生才华横溢，却对考试怕得要命；本来是光彩照人的职业女郎，却总是拿邻居的举止标准来衡量自己，对自己的社交能力低估、轻视。这些人本可以更加出众，但由于内心持有对自己的憎恨，反倒成了对自己审判的法官，无法对自己进行公正的审查，续而私自判刑，站在那因自卑而在内心深处搭建起的绞刑架前，毫不犹豫地选择将脖子放入绳套，就此命悬一线。

我们要真心告诫他们："你其实非常出色、聪明机敏，为人处事亦非常得体；你的生命中有足够多的资源供你使用，足以让你成功地为自己打造一个完美人生。如今，你已经成家立业，或许还小有名气，能取得今天这样的社会地位，身边定不乏爱你和敬重你的人。所以，若你还执着于想要从被抹黑的镜子中试图观见自己的影像，这难道不是很可悲吗？别人不会轻易视你为无能之人，除非你在内心里刻意认定。要知道这种想法是百害而无一利的，还是积极向外观照吧，在现实世界中和他人平等相处。请你务必看清楚，你完全有足够的能力去处理人生中的一切问题，你比自己想象中的更出色、更有本领、更加成功、更富有创造性！切莫再去随意贬低自己了。"

这种自我施加并带有黑暗色彩的怀疑式焦虑情绪，总以自我扭曲的心态所呈现，其方式也是多种多样的：

比如，一个孩子的父亲去世了，如果其他人无法向孩子合理解释父亲不再出现的原因，他就会困惑不安，最终深信是父亲抛弃了自己，宁愿躲在一个没有自己的地方。日后，当这个孩子长大成人，就总会在工作生活中下意识地担心被好友、上司，甚至整个社会所抛弃。日复一日，随着这种念头的累积、叠加，他那本该愈加成熟的骄傲便渐渐被磨平或是扼杀掉了。这个孩子没有机会去明白，离他而去并非出自父亲的主观意愿，只可惜在他心中被漠视以及抛弃的想法已然根植（且不论是否属实、是否成熟），亦再难消除了。

如果仔细观察的话，你会发现人们之所以对自我进行歪曲，是有因可解的：

例如，有这样一个孩子，身边的人都很疼爱他，但他自己却认为这些宠爱是有条件的，一旦辜负了父母的期望，便不会如此了。带着这样的误解长大，纵使稳坐商业巨头也无法令其安心，仍会继续不自觉的指望拥有更大的权力。

又如，有这样一个女人，从小在大人的溺爱中成长。过分依赖他人的生活模式使她疏于学习生存所需的各种能力，且缺乏独立意识。长大后，她一心想找个可以全盘照料她后半生的人，最好是那种完美、全能、全知的父亲式男人，又或者寄希望于某种神奇的力量、某个奇迹的降临，从中享益终生。结果不难想象，重复结婚再离婚的动荡生活又如何安逸、幸福得了呢？

再如唐璜，一个无所不能的花花公子、大众情人。没错，他的确征服过无数女人，但这种浪子式的猎艳行为只是一种表面的伪装，用来遮掩他永远无法给予并接受别人真爱的内心。由于缺乏爱别人的能力，也无法相信别人会真心实意的爱他，故而只能一生徘徊在逃避与追寻之间：他寻求的，是一种率性的爱；他逃避的，是残酷的现实——这种出于秉性使然的爱也是不存在的。

我们都应该明智地认识到：我们正迷失在对自己的态度上；我们是如何被这种错误观念所奴役的，以及我们能够为自己做些什么。

不论自我在以何种方式作用于我们，重要的是我们都应该明智地认识到：我们正迷失在对自己的态度上；我们是如何被这种错误观念所奴役的，以及我们能够为自己做些什么。

我们不是残酷的藐视自己的能力及美德，就是在无意识中陷入以自我为中心的泥沼。有些人觉得，非到令人难以喘息的地步，无需去在意自己，而另一些人却会过于关注自我。不过，当我们抛弃那种虚伪的自恋式自爱、对自我的仇视，停止这些“以苦为乐”的自我毁灭时，我们就能够开始整合自己心灵的碎片，友好地对待自己和他人了。

在理性自爱的路上，恰当的爱自己意味着很多东西，它根植于自尊，且高于自尊所能给予我们的一切。不论男女，若不能学会放弃及自我接受的艺术，将终不能真正受到尊重。

人生中的艰难大都不是在善与恶之间进行抉择，而是要在一种善与另一种善之间做出选择。

第四节
放弃的勇气

每个希望获得心灵宁静的人，都必须学习并掌握取舍的艺术，以此来巩固自己所拥有的事物，并攫取更多的东西。然而，将此付诸实践却着实困难。孩提时代，我们的生活是那样的无忧无虑，无论是生理需求还是心理渴望，即便是存有贪念或任性的要求，也能及时从关爱我们的大人那里得到满足。由于年龄尚小，还没有经历过必须把欲望放在其他应当优先处理的事情之后，更不理解人生有时候会要我们放弃一些东西。但随着年龄的增长，我们慢慢懂得在人生的每一个阶段，都需要我们权衡利弊做出选择，在不同的因素制约下有所取舍。故而，牺牲掉某些既得利益也是在所难免的。

西班牙哲学家桑塔延纳曾经指出，人生中的艰难大都不是在善与恶之间进行抉择，而是要在一种善与另一种善之间做出选择。比方说，某个年轻人想要发挥出自己的组织力和创造才华，渴望成为一名卓越的莎士比亚戏剧演员，或是普渡众生的宗教布道者。显然，鱼和熊掌不可兼得，即选择只有舍或得而已。这个年轻人很有可能在面对多种工作选择时踌躇犹豫、

过去、现在与未来都是不可逆的存在，无论看起来如何真切，终是难与实际生活相容的，更不要说长久维持了。

无所适从。诚然，他可以在脑中逐一勾勒出不同职业的大致走势，但若想有一番大作为，就必须抛弃大部分的渴求，以成就最为理想的那一个。

在情感世界中也是同样的道理。年轻人在没有固定的伴侣之前，往往会比较轻浮，四处“拈花惹草”，他们的兴趣和欲望常常很自然地从一个目标转移到另一个目标，这其实能够理解。但我们毕竟处在一个强调一夫一妻制的社会，成年人如果还继续像年轻人一样在感情中摇摆不定，那么势必会为自己、乃至家人的幸福带来灾难。

幼年时代的我们并不懂得，有时候一种欲望与另一种欲望是难于屈就的，二者间也无明显的优劣或高下之分。因此，在成长的历程中去学习并领会舍与得间的艺术，就显得尤为必要了。

生命中的一致性及多面性

开弓没有回头箭，时光一去不复返。童年和青春期那个变着法子想要摆脱掉的弱小的自我，再也无法重新回到我们的世界中。当然，世事无绝对，总有人巴望着倒转时光：有些男人穿着入时，仿佛自己仍是个棒小伙，继续过着年轻时欢乐的日子。而有些女人仍穿着童年的花裙子，在情感路上随风而舞。过去、现在与未来都是不可逆的存在，无论看起来如何真切，终是难与实际生活相容的，更不要说长久维持了。

或许，人类的存在方式就是必须告别过去的生活，才能步入人生新的阶段，并由此逐渐趋近成熟的爱，打开成人世界的成就之门。

一个人只有在深刻领悟到生命中一致性和相异点的含义之后，才能够学到自我尊重。作为成年人，只有勇于担负责任、在自主选择的领域勤奋努力，才能收获成功（包括爱情、婚姻、工作和爱好等等）。不单需要在

放弃和压制是相反的。压制自己的抱负、渴望、期待和否认它们的真实存在，会将人逼入通往不幸的死路。

口头上大胆地表明自己不是一个直率、渺小且冷漠的人，于内心里，也能真正相信这些。我们必须告诫自己："我做的每一件事情，就像抛进池塘里的小石子。每一次投掷都将泛起涟漪并蔓延到生活的水域中。"

放弃的过程往往是令人痛苦的，所以我们会想要拼命地留住那些在自己虚构世界中的美好。的确，如果我们高高兴兴地回到童年，继续沉迷于不现实的白日梦，把自己想象成曾经憧憬的大众情人、旷世英雄或科学巨人，这样做似乎也无碍他人。但如若我们试图复制童年时代的浪漫幻想，或是推翻在成长过程中逐渐累积起来的"现实与幻想"之间的围墙，这种做法就非常危险了。

最终，我们必须抛弃那些过度的占有欲，这包括对孩子、亲友、甚至是挚爱的人。用著名作家卡尔·桑德堡（Carl Sandburg）的话来说就是：大度地"松开你的双手，并说声再见"。这样的放弃绝不只是留于头口，对那些不可能实现的愿望和抱负，我们必须从内心深处清醒地喊出"不要了！"并意识到这样的放弃对我们意味着什么，以及对自己应该抱有什么样的要求。

辞旧迎新

在这里我要指出一点，放弃和压制是相反的。压制自己的抱负、渴望、期待和否认它们的真实存在，会将人逼入通往不幸的死路。然而，有意识地放开那些无法实现且无现实意义的欲望，人生的真正目标就会更加明朗化，你便可以从容的正视它，并从心底了解自己缘何会有如此选择。试着对自己说："我能看出自己心底里，那些年少时所遗留的美好映像，但也深知，若舍去现有的行为、习性去实现它，无异于是在用一生做赌，终会害人误己。因此，我甘愿牺牲那些过眼烟云般的短暂诱惑，去收获更恒久的幸福"。

在这个时代，我们必须勇于放弃。尽力去说服自己，为了实现真正的快乐，这是十分必要的途径。只有这样做，才能够消除心灵的冲突，缓解内心的压力。就像是科学家放弃功名利禄，埋头钻研，追求运行于世间的真理；宁死不屈的烈士会忍受敌人的种种酷刑，至死维护正义的事业；理想主义者会冲破重重阻挠，为了实现理想而不软弱妥协……这些人都彰显了放弃所蕴含的新生力和创造力、真正懂得生活的意义并不在于追逐转瞬即逝的快感，而一时的牺牲其实是在向着永恒的价值进发，即人类的骄傲和内心安宁的源起。

第五节
学会接纳自我

获得自尊的另一条途径就是接受，即承认自己的优点和不完美。大多数人会将自我描绘成如下两幅图画：在房间里高悬起自己光鲜的画像，色泽明快、格调奢华，但既没有阴影，色彩的对比度也不高；而在另一个房间却挂起自责的画像，就像小说《道林 · 格雷的画像》那样古怪的抽象画，色调阴暗、对比度失衡，绿色和黑色两种色块不规律的扭搭在一起，看不出任何凸显的美感。

我们不该将这两幅画像放在相隔的房间内，试着将它们摆在一起，借由凝视的目光将它们融为一体。不承认这些缺点正是我们的天性，当我们心情愉快、舒适的时候，就不愿意承认自己有“罪”、心怀仇恨或缺乏羞耻心，而当我们情绪低落的时候，又不愿意相信自己本身拥有的美德和过往那些令人骄傲的成就。所以，我们要从现在开始去描绘一幅全然接受并了解真实自我的新画作。

人的一切行动都无绝对可言，总会相对的存在某些瑕疵。就如同在每个人的心灵深处，都存在着一个隐形的“小暴君”，完美自己苛责他人，甚至有些不知天高地厚者，还妄想着染指“神的领域”（即绝对完美），渴望主宰世间万物。尽管受这些不利因素的蛊惑，但我们始终能够让它们服从于人性中的优点——让人性中的善战胜恶的影响。

许多认为自己不幸的人觉得，哪怕是偶然闪现的恶念或是感觉，也会立刻使人堕为恶魔。亚里士多德有句名言“独燕不成春”，意在告诉我们，凭个别现象草率下判断是不明智的，不要害怕我们有一两种或是更多见不得人的坏念头，而一定要弄明白，拥有一些不值得称颂的想法，并不代表就会让人变得卑鄙。

两百年前，埃德蒙·伯克[①]就向世人告诫，要警惕把罪恶普遍化的想法，不要因为少数人的过失而对整个种族做出危险的定论。两百年后的今天，我们同样应当防备将个人的行为放大到整个群体的危险性。虽然有时候我们对自己和他人可能存有一些夹带侵略性的想法或敌对情绪，但没有必要因此就觉得自己是品行不端、令人唾弃的贱民。要真正地面对自己！即绝不伪善的直面这些负面心理。你会发现，执意认定我们是完美的这种傲慢想法，才是潜于内心的最大敌人。所以，别苛求自己十全十美，也别要求自己拥有天使般的美德，这种直面现实的谦虚态度若能灵活运用，将对我们实现内心的安宁大有裨益。

这是一个多元化的世界，由不同民族、不同文化和多种价值观构筑而成，即便有差异巨大的风俗或理念也能够相合以存。尤其是在美国，我们为能拥有如此多样性及多元化的社会格局而欣喜。同样的，这也可以应用到我们对自己的看法上来。人类心灵的内涵是如此丰富，将各式各样不同的情绪、冲动、气质和情感呈现于一身，这岂不同样令人高兴。查尔斯·史蒂文森（Charles Stevenson）曾说过：“这个世界包罗万象，我相信我们

---

① Edmund Burke，1729-1797，爱尔兰政治家、哲学家，被视为英美保守主义的奠基者。

都应该像国王一样过得幸福喜乐。”这看起来有点孩子气的有趣观点，再结合我如上所述的人生态度，生活更深层次的含义就比较容易理解了。

这样的一条人生路往往走得艰辛，我们很可能需要一边蹒跚前行一边独自忍受各种打击。纽约的一位心理医生曾讲过这样一个故事：有一天，一个在心理诊所接受治疗的酒鬼在被老板请辞之后，对医生抱怨道：“大夫，实话跟您说，如果此事放在一年前，我是断然无法接受的，一定会借酒浇愁，直至一醉方休。其实我当夜就想开瓶酒了，可不知怎么的，我忽然觉得如果能勇敢地去面对失业这件事，心情反倒好受了很多。我想，也许不幸的事情和成功一样，都是人生中重要的体验，人人都会遇到。”

医生认为，病人能够忍住不喝酒，并说出这番道理，表明他在对待生活的态度上有了明显的进步。一个人如果学会拥抱并热爱生活的一切，那无论是挫折还是成功，都将无法干扰他坦然的心灵。果然，这个昔日的酒鬼后来进入另外的行业，通过努力的奋斗打拼，终于取得了令人羡慕的成就。

只要对自己抱有接纳、开放的态度，就可以学会坦然面对自己的沮丧心情、残忍的想法，以及敌视的态度等负面成分。虽然我们经常会出现这样或那样的坏念头，但这些情绪不会长久存在。一旦开放对自己的看法，不去逼迫自己追求那些看似崇高、实际上无以企及的完美，那么无论是顺境还是逆境，就都能处之泰然了，如果你真的舍弃一切去追求绝对的完美，最终只会等来无尽的绝望。每个人由于个性不同，失败也会与之相对，但成功的佐证亦如失败也是多样化的。所以，我们在努力工作、奋力为胜利而拼搏的同时，也要在心底对失败和成功有同样的了悟。

任何理性的宗教都必须注重引导信徒适当地关爱自我，需留心，人一旦被错误的心态压制，就难免会向别人传递不正确的观念。如果你连自己都不爱，又怎么能像爱自己一样去爱邻居呢?

对于人性来说，最迫切的需要是认同。我们会因某些人生经历而去自欺的迎合部分人为拟造出来的虚假人格，人生不如意十有八九大概就是在说这种矛盾心理吧。

第六节
你与众不同，潜力无限

我忽然想到，之所以出现种种谬论，也许是因为自古以来，大多数西方宗教都将人性描绘得无比完美，这种过度的理想化扭曲了我们的观念。对于人性来说，最迫切的需要是认同。我们会因某些人生经历而去自欺的迎合部分人为拟造出来的虚假人格，人生不如意十有八九大概就是在说这种矛盾心理吧。所以，要想实现内心的安宁，就必须先解决这个问题。

首先，我们应该坚定不移地相信，每个人的“自我”都独一无二，都拥有爱的潜力。只可惜人类社会却对这两个要素始终采取敌对态度。其次，我们应该极力反抗社会施与大众的压迫、摧残和束缚，不让我们的心灵受困其中（就像古代中国妇女从小裹脚，致使双脚畸形、行动不便，却终获自由一样）。

我坚信，人的潜力是无限的：几乎没有一件事是人类无法做到的；没有一种技巧和爱是人类不能拥有的。但我们同时也要意识到，潜力归潜力，要想取得实际成果还必须消化吸收海量的知识和理念。正是在消化吸收的

请在内心深处刻下两条格言：第一条是"尊重你自己"；第二条是"相信你自己"。

过程中，也就是所谓的"文化适应期"，我们似乎迷了路。现行的教育制度（包括家庭、学校、教会和其他推动因素）经常压抑个体的个性、人格及其潜力，我们的特长、兴趣和爱好，往往得不到理解。当妈妈的责怪孩子总是有太多的"为什么"；当爸爸的因为孩子外出"探险"回来太晚而小惩大诫；当老师的因为孩子不好好学习，而责令放学后留校补习。我们的社会没完没了地强调统一性而牺牲个性，压抑独一无二的"自我"，从呱呱落地到步入坟墓，有太多的方式在扼杀我们的潜力。文明正在给个人灌输一种死板的行为模式，让真正的自我无法绽放。

当然，他们并非故意要阻碍我们个性的发展，只是觉得自己正在做的是好事罢了。但是，在通向成功的道路上，一个人必须得有所坚持，按照自己真正的个性去学习、工作和生活，尽管不得不付出些昂贵的代价。如大诗人雪莱才华横溢，但这种天生的诗人气质与英国名牌私立学校的环境格格不入；一个从小说话结巴、从芝加哥乡下一路辗转到纽约的年轻人，最终成为了一名心理分析师，并根除了语言障碍。这两个人都曾因某种不幸而花费了多出旁人许多的精力，但他们都做到了敢于面对自己、坚信自己能够实现梦想并一路坚持走下去。如果没有如此顽强的斗志，在痛苦的折磨下，他们的自我可能早就屈服了。

在发现真正自我的征途中，只要能认识到"我们实在没有必要佯装天使或圣人"就能在很大程度上帮助我们与自我和解。请在内心深处刻下两条格言：第一条是"尊重你自己"；第二条是"相信你自己"。

虽然你可能有着这样或那样的缺点，但同时也有着众多闪光点。所以，你应该学会更加尊重自己，相信自己有能力控制性格中"邪恶"的一面。只要拥有这样的心态和信心，你就可以抵消不经意显现的自贬倾向，既不会夸大自爱的力量，也不会轻视自爱的价值，像是在心里开辟出肥沃的土地，生出自爱的花朵，并终得内心安宁的果实。

第四章　爱与死的抉择

一条全新的真理是：我们其实是通过与他人的不断接触而造就的！不光是我们的思想，还有个性、情感和整个价值观体系，都是生命中的重要人物对我们产生影响之后逐渐形成的结果。

第一节
人无法只为自己而活

“像爱你自己一样去爱你的邻居。”

这一《圣经》上的戒律听起来是那样的迷人和甜美，似乎与“严厉”、“戒律”这样的字眼不沾边，让我们对这样人性化的温柔语句有种仿佛放错了位置的感觉。而在千百年中，正是“邻居之爱”这个理念，在宗教满含爱意的呵护下，为无数身陷黑暗和恐惧中的人燃起希望之光。

在这样一个混乱疯狂的世界中讨论爱的话题，可能会让人觉得荒谬，但就现实而言，为爱而战并不是徒劳无益的。在人类历史上的重要时期，每当残暴和血腥愈演愈烈之时，总会出现像希勒尔（Hillel）、阿西西的圣方济各（Francis of Assisi）、巴斯德（Pasteur）或南丁格尔（Nightingale）等，这样伟大的人物。在他们流芳百世的伟大事业中，无不体现着人类所拥有的独一无二的人性力量。

现代个人主义道德观，已或明或暗的在某些方面对“邻居之爱”理念发起了挑战。在人类从事的社会活动里，我们认为个体是一个很难被外部

个人生活的第一条真理是：爱对每个人来说都不可或缺。这里说的“爱”是指个人与他人或某个群体的情感关联性，即对某个群体拥有归属感和对他人具有某种价值感。

影响并渗透进去的封闭单位，即认为人好比循环往复的泉水，是自我能量的发生器。现代资本主义思想将动物世界所奉行的“适者生存”法则演变成“人不为己，天诛地灭”的思考模式，我们从小便被灌输，必须靠自己的力量活，即使凭借无情和残忍的心性而生存也是正常的。此外还用“只有个人的幸福感提升了，社会的整体幸福感才会随之增加”的话来安慰我们。

这种思考模式下的冰冷价值观其实是一种谬论，在过去数十年间，这种棱角锋利的个人主义受到了各阶层人士的抨击。如对迪恩·伍德布里奇（Dean Woodbridge）口中的“竞争性利己主义”的批判。无数精英群体普遍坚信，就像人无法离开空气而存在一样，无法仅凭自己而活着，也做不到只为自己活。

个人生活的第一条真理是：爱对每个人来说都不可或缺。这里说的“爱”是指个人与他人或某个群体的情感关联性，即对某个群体拥有归属感和对他人具有某种价值感。

人性中的本能性焦虑，起源于人在充满敌意的世界中自然产生的孤独感和绝望感。所以人生的要事之一，就是编织起稳定的人际关系网，网罗起自己、父母，以及随着岁月流逝丰富着我们生活的朋友、同事和所爱的人。

从科学的角度来看，只有从相互关联的角度分析才能理解宇宙现象，完全孤立的事物本身等同于零。即便是原子，也必须以某种特定的方式排列组合后，才拥有意义。拿碳原子来说，在一定条件下可组合成炭，而以另行排列又可形成金刚石。

不管从哪项学科来观察（物理学、化学、生物学或者是心理学），都不难发现：万物之间的联系是无处不在的：孤立存在的原子不具意义，而与其他元素相互作用却可创造出大自然；一个被抛弃的人可能会是价值体系的破坏者，而一个乐于与他人分享生活的人，则可能成为个人与社会安宁的缔造者。

文明的真正进步并不是让人类意识到“自我创造了社会”，而是“社会创造了自我”。约翰·杜威（John Dewey）和乔治·赫伯特·米德（George Herbert Mead）等现代思想家粉碎了18世纪流行至今的社会观念：一个人自呱呱落地起就拥有“思想”，并凭此与社会形成各种关系。这些哲学家提出：个人语言的社会影响力和群体共生力将影响并作用于我们每个人的身上，并最终形成个人的思想及个性。

因此，我们与他人的相互依赖，从本质上来说，不是宗教理想化后的假想，而是人类生存发展中实际存在着的普遍现象。“你必须与你的邻居建立关联”像是一条人生法则，许多难题产生的根源就出在不善运用上。一旦我们真正理解了这种关联性，就可以与亲近的人以及自己改善关系，融洽的生活。

弗洛伊德和他的后继者开创了革命性的临床心理治疗学，这其中有一条全新的真理：我们其实是通过与他人的不断接触而造就的！不光是我们的思想，还有个性、情感和整个价值观体系，都是生命中的重要人物对我们产生影响之后逐渐形成的结果。我们来到这个世界的时候非常弱小，一定会依赖他人，而文化、知识、性格和“自我”的形成也同样如此。

不可否认的是，我们今天显现出的外在特征与先于我们出生的父母、兄长，及其他长辈的样貌有着惊人的相似之处。那是因为，自我们婴儿时吮吸乳汁起，就在摄入营养物质的同时也吸收着周围人的行为模式、思想、反应和为人处世的态度，除此之外亦从未停止过摄取他们的优秀气质，以及将他们的生活方式转变成我们自身的一部分。由此，经过与他人不断认同的过程，我们渐渐变成了如今的这副模样。生活在地球上的一切生物中，

不管是圣徒还是罪人，都会对他看不见的人施加影响，因为他的言行举止会在人性这块柔软的土地上留下印记。

唯有人类拥有最强的模仿能力和对他人的认同能力，这股力量既可以造福人类去创造辉煌的文明，亦会为祸人间，酿成无可挽回的悲剧。

请牢记这一真理：不管是圣徒还是罪人，都会对他看不见的人施加影响，因为他的言行举止会在人性这块柔软的土地上留下印记。

一个男孩子会受到父亲英勇气概的感染，也有可能继承母亲胆小懦弱的性格。在古往今来的文学作品中，这样的例子不胜枚举。如荷马史诗中的《奥德赛》所描绘的那样，尤利西斯（Ulysses）年轻的儿子特勒马科斯（Telemachus）从身为大将的父亲身上学到了大无畏的精神，在父亲浪迹天涯期间力保伊萨卡城免受掠夺。果戈理在小说中描写的塔拉斯·布尔巴（Taras Bulba）是爱和坚毅的好榜样，鼓舞着儿子们像圣人一样去追寻崇高的理想。易卜生的剧作《群鬼》（Ghosts）生动地剖析了一个性格软弱的儿子，他的懦弱性格在很大程度上来自于他那位深受恐惧折磨的母亲。从欧里庇德斯（Euripides）到奥尼尔（O' Neill）的众多戏剧作品中，我们都可以找到无数例证。它们同样启迪着我们——每个人都有能力吸收他人的某些东西，并将之改造成满足自身世界需要的一部分。

认同通常是在无意识的状态下进行的微妙过程。心理学的新发现意味着，人类从未真正的孤单过，亦非被孤立的存在。人是环境的产物，也是心中榜样模范的衍生，对于后者，尽管我们不愿相信，但事实确实如此。从摇篮到坟墓，我们的人格一直在潜移默化中发展着，就像在自己的布料中混入别人的织线在机器上编织出布匹；我们心灵的广厦是借取了他人供给的砖块一砖一瓦搭建而成的。包括贝克莱（Berkeley）和伯特兰·罗素（Bertrand Russell）在内的现代哲学家都曾在“人是一种孤立的有机体，与同类根本不存在真正的交流”这种看法面前饱受折磨。弗洛伊德的出现完全粉碎了“人是孤独的”这一看法，让犹太先知们的直观智慧得以重返历史

我们对自己负有一种新的道德标准，即形成热爱自由、仁慈、热情、合作、对人性持肯定态度的健全人格。

舞台，继续歌颂人与人之间不可缺少的相互关联性。

既然说我们的心理是在父母和他人的影响下塑造的，那么同理，我们也不可避免地会对他人造成深远的影响。我们的言行举止和性情品质，都会影响到周围的人和环境。个别的善行或恶行其实不会造成太大的妨碍，关键在于我们整体的人格品质。我们的情感波动、行为姿态和语音语调都会在一定范围内影响到孩子和其他成年人的情绪和态度。他人可能源于对我们某方面表示认同而去刻意模仿，以求相似或让自己看起来更完美。从这里可以看出，我们对自己负有一种新的道德标准，即形成热爱自由、仁慈、热情、合作、对人性持肯定态度的健全人格。

英语中有句俗话说：人不能揪住自己的头发把自己提起来。只要我们关爱他人、热情慷慨、心胸宽广，就会不断收获令人满意的结果，而这个过程的第一步就是，要看清是什么东西阻碍着我们与邻居、家人和朋友自由、快乐地交往。.

第二节

仇怨隐于爱中

第一道障碍，便是伪装成爱的恨。

我们的世界正进行着一场可怕的斗争，即爱与恨之战。这一意义深远的战争对每个国家、每个人都产生了极大的冲击，甚至攸关生死。西格蒙德·弗洛伊德曾对人类文明的秩序进行过最为一针见血的分析，在说到爱的力量与自我毁灭的侵略力（恨）之间的殊死搏斗时，他指出："人这个物种有一个致命问题，那就是能否成功地控制侵略性和自我毁灭倾向，以保有生活中的正常秩序。人征服大自然的能力已经相当强大，人类可以凭借这种力量轻而易举地消灭地球上的每一个人。正是对这个危险的现实有着清楚的认识，才滋生出极大的不安、沮丧和忧虑。而现在，我们只能期望永恒的爱，这另一股人性强有力的力量，能够发挥作用，不要让人类在永远的死敌（恨）的压制下失去平衡。"

这个世界上有太多的事实可以用来说明"恨是先天的，爱是后天的"这种犬儒式观点。人在战争中疯狂发泄仇恨，在对待同类时野蛮残忍。集体

每当父母打着教育的幌子将自己的恐惧和偏见灌输给孩子时，他们的虚荣心也就披上了爱的外皮。

施暴的行为对人类来说，仿佛有着催眠般的魔力。在经历过这些后，可以理解人们对自己能否真的去爱别人缺乏信心，甚至感到绝望。此外，看得见的仇恨横行世界的同时，也有无数将仇恨隐藏得很微妙例证，而这种仇恨往往披上了爱的外衣，难于发觉。

自古以来这种情况就一直存在。在宗教裁判所肆虐的年代，这种情况非常普遍！如当时托奎马达（Torquemada）是这样说服自己的：即便将异教徒绑在火刑柱上活活烧死，也是基于他热爱他们不朽的灵魂。这种“宗教裁判所审判员式的爱”在人类历史的其他阶段也随处可见。无论在何时何地，当你看到那些唯我独尊的人将自己的观点以“行善”的名义强加在别人身上时，都可以在爱的表象下，察觉到人的侵略性和沮丧感。

同样的道理，父母往往就扮演了“审判员”的角色，强迫孩子顺从父母的权威，不允许他们对任何事情进行平等讨论，也不容许孩子拥有独立的思想。每当父母打着教育的幌子将自己的恐惧和偏见灌输给孩子时，他们的虚荣心也就披上了爱的外皮。

文学界的众多作品中都对这种虚伪的爱进行过详尽的描绘，其中最有名的例子之一便是塞缪尔·巴特勒（Samuel Butler）的小说《众生之道》（*The Way of All Flesh*）。父亲西奥博尔德（Theobald）和母亲克里斯蒂娜（Christina）并不想要孩子，因此，他们在内心深处很讨厌小儿子厄内斯特（Ernest）。巴特勒以其高明的写作技巧，描述了这对父母让孩子无时无刻不受到暗昧言语的折磨和身体上的伤害，他们始终不愿意承认自己内心里憎恨着承担起做父母的责任，却又举着负责的幌子将内心的愤怒发泄到孩子身上。用巴特勒的原话来说就是：“克里斯蒂娜总是认为，从来没有过任何父母像西奥博尔德和她这样爱孩子，为孩子如此严厉地去克制自我，做出这么巨大的牺牲与奉献。”

“爱”是一个冠冕堂皇的字，不管是男是女，都喜欢隐藏占有欲、权力欲、嫉妒心和侵略性，装扮成向对方示爱的模样。

很多父母没有意识到，他们现在对待孩子的方式，就像小时候父母对待自己一样，就好像幼年的怨恨积累了这么多年，终于得以转嫁出去了。这些人宣称自己是出于爱才对孩子非常严厉的，但这种所谓的爱仅仅是一个面具，用以遮掩内心含藏的敌意、反感和厌恶。人类学研究对这个现象做出了惊人的证实。

阿布兰·卡丁纳（Abram Kardiner）在《社会的心理前沿》（*The Psychological Frontiers of Society*）一书中指出，印度尼西亚群岛的原始居民阿洛岛人有一套完整的教育体系，“系统化”的剥夺孩子的任何爱与关怀。卡丁纳的解释是，岛上的父母在潜意识中憎恨自己的孩子，因为他们幼年时也同样没有得到过双亲的关爱。与此形成鲜明对比的是科曼奇印第安人，在洋溢着爱的原始部落中，父母在孩子的成长过程里倾其所爱，孩子的人格和自我在这种氛围下发展得非常健全。

在婚姻关系中，我们也能感觉到各种各样虚情假爱的存在。做丈夫的强迫妻子牺牲个性，做到三从四德，或者反过来屈从于妻子的怪癖和虚荣心，这些都是披上了爱的外衣的虚情假意。“爱”是一个冠冕堂皇的字，不管是男是女，都喜欢隐藏占有欲、权力欲、嫉妒心和侵略性，装扮成向对方示爱的模样。

既然世上存在着如此丑陋的现象，那是不是就意味着想要搭建自己与他人之间爱的纽带的愿望，不过只是白日梦呢？宗教宣扬的那些人要热爱兄弟手足的观点，亦如梦一般不着边际呢？历来就有人对宗教的这种理想嗤之以鼻，认为这只不过是无法实现的乌托邦式的想象罢了。诗人海涅（Heine）曾半开玩笑的谈起自己的幸福观：“我渴望拥有一间茅草屋，简陋的房间中有一张舒服的床和可口的食物。窗外鸟语花香，门前长着数棵枝繁叶茂的大树。但如果仁慈的神愿意赐予我真正的幸福，就会让我高兴地发现，树上吊死着六七个我的仇人”。

在海涅的愿望背后，我们能够看到多数人类的真实情感，即希望看到仇家失败、被惩罚的惨象，可是有一点却出乎意料，很多人在潜意识里对朋友和家人也抱有同样的渴望。人的灵魂被一种奇怪的悖论束缚着，可以对同一事物同时拥有相等的的爱恨情感。大多数人能够意识到，人与人之间彼此的敌对态度，会威胁社会甚至是人类文明。因此，我们的文化就竭力试图去消除这种侵略性的互相仇视。比如“像爱你自己一样爱你的邻居”这样的宗教理想，就为保持人与人之间的团结友爱提供了有力的保障。如果抛弃了这类行为的戒律，整个世界将会面临崩溃，陷入混乱。即便无法做到完全遵守，但我们也应该继续下去。

从积极的角度来看，我们可以看到华沙犹太聚居区的人们彼此互助的伟大勇气和自我牺牲精神、看到当代犹太民族的先驱和建设者们强烈的集体感，他们的作为足以证明我们能够爱自己的邻居。世界大战期间，各国人民曾经团结协作，联手抗战，这无疑也证明了，为反抗共同的威胁、实现相同的目标，个体是可以充分融入集体中的。请记住为人类伟大事业献身的英雄烈士，请记住无数寻常百姓为了人类共同利益的默默奉献，因为正是这些善举，让我们对人类的未来充满了信心与希望。

不是每位妇女都能成为圣女贞德或是居里夫人，但全世界数以亿计的妇女却如英雄一般默默守护着家庭这个温暖的小小堡垒，而同样多的男子则负责任的在勤奋工作。只要你在田野或工厂里工作过，就会注意到，为了更好的完成任务，劳动者之间存在着一种看似默然，实则充满活力、干劲的纽带，人与人之间形成了一种相互体谅的友好氛围，虽然有时候可能会集体排外，对外来者心存疑虑，但在其关系内部，却缔造出一种精诚合作且亲密相伴的关系，所有亲身体验过的人都为之称道。

第三节

为爱奉献一切

所有文学作品倾诉的内容，在本质上都是人对爱的渴望，爱也是西方文学中的永恒主题。历史上那些最受尊敬的诗人在其代表作中所描绘的，多半都是得到爱后的愉悦，或是失去了爱之后的无限痛楚。每个人都有自己最推崇的诗歌，借其给予自己安慰和肯定。下面就是我非常喜欢的一首爱默生的作品：

为爱奉献一切，
倾听心灵的指引；
友人、家人、时光，
财产及名望，
未来、信誉和才华，
全都奉献给爱！

为爱奉献一切！全都奉献给爱！要是人能够付诸这些简单朴素的语句于现实，世界会变得更加完美！不过，虽然我们大多数人无法达到这种高

人生的一个基本原则是：我们每天遇见的每一个人，都拥有与我们同等的尊严和人性，如果怠慢或侮辱了对方，那么，显而易见的，这是在对他人施行不人道的心灵侵害。

度，但是，在人与人之间、上司与下属之间，朋友和朋友之间，不是还有比较“容易”的爱可以发扬吗？这种爱指的是诚恳真挚的美德，如单纯的仁慈、手足之情、人际间的温情等等。每个人的生活都离不开“爱”这种灵魂必不可少的“维生素”。当灾难和不幸降临时，爱便自然流露出来，敦促我们在爱的行为中反思自己。

没有人能将爱的圣油涂满自己所有的人际关系。不过我们同时也不要忘记，在那些普通如推销员、钟点工、机械师以及裁缝的身上，也一样可以体现出最崇高、仁慈的品质。你可能遇到过很多常常冠冕堂皇地说些“四海之内皆兄弟”之类漂亮话的人，但他们在对待看门人这种社会地位较低的人时，又流露出一种厌恶的感觉，认为他们是下等且不堪的。梭罗[①]曾经说：“有些人忘记了，他的厨师、理发师和马车夫这一类人，也和他一样是从同样的泥土中塑造出来的。这种没心没肺的人我无法称之为善者。”别忘了，正是这些普通人日复一日地推动社会车轮的运转，当我们对他们颐指气使的时候，我们便是在扰乱自己内心的安宁。如果我们肯花一些时间，用耐心和爱去认真观察一下身边的广大同胞，问清楚他们的名字并平等地对待他们，那么，人与人之间就能更好互生情谊。

当我们真诚地从口中说出“爱”这个字时，我们必须进一步了解是什么在支撑着爱的存在，也要了解每个人都有责任让爱世世代代传递，生生不息。

人生的一个基本原则是：我们每天遇见的每一个人，都拥有与我们同等的尊严和人性，如果怠慢或侮辱了对方，那么，显而易见的，这是在对他人施行不人道的心灵侵害。

日月星辰受万有引力的吸引，同样的，爱也将人类的男男女女凝聚在

① Henry David Thoreau，1817—1862，美国作家、自然主义者。著有散文集《瓦尔登湖》和论文《论公民的不服从权利》。

一起。这一点很少有人意识到。就如同引力和斥力并存于时空一样，人类社会也存在着接受与叛离。

人生最重要的幸福，莫过于被人接受、赞许、欣赏，并享受同胞间的手足情谊。可惜很多人不明白，友谊对人类的重要性就像食物一样，是不可或缺的，因此他们不知道去珍惜，反而终其一生都在盲目地寻找某种替代品，来取代温暖、质朴的情感联系。如同唐璜式的风流人物不停地寻找新的色欲目标一样，现实中也多有红男绿女纵情于酒色淫乱，终日醉生梦死，在色欲和权力欲中消耗着自己宝贵的生命。他们往往是些孤单寂寞、迷茫无知的人，在这个世界上“一丝不挂”地奔跑着，因为他们身上不曾有过一件爱的衣裳，只能在寂静凄凉的岁月长廊中形单影只的孤独一生。

人类的历史就是一部不断征服的史书，在人类威严肃立的面具之下，我们往往能看到灵魂在躲避孤独与寂寞一波又一波的强力侵袭时就像是一群溃败的逃兵。

对个人来说，我们首先要主动与他人交流单纯的情感。这是维系友情和婚姻的秘诀，通过朋友和配偶，我们相互激励，抚平生活对彼此造成的伤痕。那些熟悉我们、无条件喜爱我们的人一旦接受、赞同和需要我们的时候，我们就能逐渐意识到怎样才能获得更深层次的心灵宁静。

人的自然天性中，一方面存在着一种无法压抑的欲望，迫使我们渴望从他人身上得到认可，一旦失去了同类给予的关注，就如同被剥夺了宁静和幸福，而另一方面，人们心中还有一种内在的需求，希望奉献出爱，为外部世界带来关怀和爱护。

每一个人在心智成长发育的过程中都会遇到同样的问题：必须培养出主动去爱邻居的心态，否则极易形成不健全的病态人格。正常、成熟的人，内心里都存在着一种貌似多余的“奉献冲动”。男人和女人都自然而然地希望成家立业、生儿育女，这种纯朴的愿望本身就清楚地证明了，人的本性中隐藏着一种无私奉献、慷慨助他的美德。在这种“给生活创造些什么”的原动力下，选择为人父母，不再单纯从生活中索取，而是开始了付出。

每个人都渴望能将自己的某些东西奉献给社会，可能是欢蹦乱跳的小孩子，也可能是一种对他们来说就像孩子般存在的事物，比如一座桥梁、一首诗歌、一支曲子、一项发明、一种药方等等。这完全推翻了愤世嫉俗的犬儒主义者和悲观主义者坚持认为的人本自私的观点。

在成长过程中，我们常能觉察到自私自利的天性会屈从于无私忘我的强烈冲动，而为外部世界、为他人做出贡献，超出了仅仅服务于自我的范畴。比如结婚生子或者投身于社会的建设之中。这时，我们的心灵就会升华，不知不觉地开始厌烦只扫自家门前雪、只打自己小算盘的初级状态，也不再是一个等着盛水的罐子，而是变成了积极喷涌清澈水源的泉眼。生活在这种状态中，不再以考虑个人的主观意愿为中心，而是随着人的心智逐渐发育成熟，摆脱“寄生虫”的角色，使我们在主人翁精神的指引下，为生活添砖加瓦。

心理学这门科学，一方面认为，人性若想走向成熟，不可避免将会遵从为世界奉献爱的冲动，另一方面又指出，人有一种与生俱来的需求，即让自己存在于一个不在个人控制之下，而是由其他各式各样独立个体共同组成的多元化世界。

一个以自我为中心的人，会竭力强迫别人去爱他、赞美他，但这样做既不能让自己幸福，也无法给他人带来快乐。除非我们能够尊重别人和我们的确存有不同的生活方式的事实，否则便很难构建起和谐圆满的人际关系。

“爱你的邻居”其实是“爱你自己”的一个必不可少的前提条件。

“爱你的邻居”其实是“爱你自己”的一个必不可少的前提条件。

一个社会最糟糕的结构就是：如果我想拥有自由，则其他人只能沦为我的奴隶。一个由至尊帝王对全体人民实行独裁统治的世界，实际上是一个丧失了理性的疯狂世界，没有充足的自由发展和生存的空间，任何“自我”都将难以实现。

杰出的现代心理学家保罗·施尔达博士指出，残忍性和破坏性等负面的人性品质，只不过是人整体的一部分且处于从属地位，而建设性和创造性才是人类灵魂的重要原动力。他对一群小孩子做过这样一个实验：分发给孩子一些洋娃娃，可是这些娃娃都是连在一起的，这使得孩子不得不把洋娃娃一个个撕开。在撕开娃娃后，他们又急着想把这些娃娃重新摆放到一起“恢复原样”。可见，我们在孩子身上经常看到的那些侵略性极强的“残忍”行为，其实不过是一种强大的好奇心和渴望发现未知真相的本能欲望而已。

孩子们的好奇心和成年人的创造性、建设性本能，一方面是我们争取权利和财富的动力，另一方面也反映出人性天生就拥有创造性和爱心。在现实世界中，理想目标和精神诉求仅凭一己之力终是难于实现的，故而要想得偿所愿，就必然要听从内心奉献自我的心声并与他人携手合作，同时也要允许他人在此过程中获得自由和自我升华的空间。

虐待狂的存在并不代表人类本质上就虐待成性，只是说人们之所以相互诋毁、相互仇视，正是因为内心的绝望和挫折感难于平衡所致。各种情感上的冲突、矛盾若难以和解，便很容易使人的心理扭曲变质，个别激进分子甚至会走上歧途去报复社会。心理专家在治疗的过程中发现，一旦这些心理分歧得以化解，人们便可以逐渐放开心灵流露出对他人的爱，以及愿意与他人建立积极关系的渴求了。

第四节
发自内心的宽容

怎样才能以最佳的方式去爱我们的邻居呢？方法不知凡几，在此我只提出一两种就足以了。邻里之爱最突出的表现形式就是：我们可以发自内心地对其他人的个性表示宽容，同时抵制内心想要控制一切的冲动。

这个世界上充斥着满脑子帝国主义精神的个人，虽然他们没办法去征得领土，却在生活中专横跋扈。比如，某位父亲逼迫自己有艺术天赋的儿子去经商，希望他子承父业；某位把注意力集中在女儿身上的母亲，不断运用各种心理战术使女儿顺从自己，巧妙地打消女儿过自己独立生活的念头。

与这些举着爱的大旗，要求子女、妻子和兄弟无条件地服从于自己的家庭极权主义者相反，我们应该向至爱的亲人勇敢表达爱意，允许他们过自己向往的生活。

“对邻居的爱”表现在不仅能够容忍他人的观点，更需要去宽容对待他人自身具有的本质和独特性。宗教提倡的人生哲学是：神创造的每一个人都拥有其各自的神圣人格和独立气质，更不乏多姿多彩的需要、渴望和梦

一旦我们不再强迫他人完全照搬我们的意见、模仿我们的形象，才算真的理解了所谓的邻里之爱。

想。我对这种哲学非常认同。这是一个千姿百态的多元化世界，你在天空中找不到两颗一模一样的星星，也无法找到两朵形状完全相同的雪花。神显然是不想创造出一个千篇一律的呆板世界。

这当然也同样适用于人类。有些人活力充沛、生机勃勃，而有些人本性稳重，做事深思熟虑；有的人体格像一个摔跤运动员一样孔武有力、英勇无畏，那他显然要比那些略显苍白瘦弱的诗人或禁欲主义者需要更多发泄精力的渠道；有些人积极乐观、幽默风趣，而有些人则自怨自艾、悲观消极。不同的人会有千差万别的处世模式：或擅长行动、或善于思考、或激情勃发、或沉稳平和、或具有领袖风范指挥他人、或心甘情愿做追随者，就凭这一点点的差异，往往就会导致我们的个性也大相径庭。

相信天命所归是不存在的，没有任何一个人的命数能被事先决定好。我们可以修剪和塑造象征自己生命成长的灌木丛，但我们必须反对其他人将锋利的剪刀指向我们的苗圃，不要让自己的人格被他人的喜好所摆布，以免我们的精神枝条被无辜斩断。

对他人发自内心的宽容不仅是伦理道德的基石，也是个人改善自我的前提条件。当他人的意愿和见解在我们眼中不合适、不正确、不可接受时，如果我们会感到不高兴，那就说明我们的内心还没有调整至理想的模式。假如你深信自己是对的，又没有受人干扰，就更应该允许别人按照他们的想法去行动。只有对自己的观点缺乏把握的人，才会想方设法强迫别人屈从，借此来消除自己内心的疑虑和不安。

一旦我们不再强迫他人完全照搬我们的意见、模仿我们的形象，才算真的理解了所谓的邻里之爱。

这种彰显宽容的关爱邻居的方式，一方面在个人关系中表现出来，另

积极、友善地去试图理解他人的信仰、举止和习惯，但不一定非要对此表示认同和接受。宽容的心态有助于我们更快地发现别人的闪光点，对别人心生敬意。

一方面还会在社会的各领域中发挥作用。宽容就是美德。心胸开朗、思想解放的人只要怀着一颗宽容的心，就一定能战胜偏执和仇恨酿成的种种邪恶。

当然，宽容的定义远不只是消极地忍耐我们并不认同的观点或是克制情绪，正确的定义是：积极、友善地去试图理解他人的信仰、举止和习惯，但不一定非要对此表示认同和接受。宽容的心态有助于我们更快地发现别人的闪光点，对别人心生敬意。宽容还有其他更加深刻的含义：当别人的权利受到侵犯时，宽容的人会为之打抱不平。伏尔泰有句名言："我不同意你的观点，但我誓死捍卫你说话的权利。"恰是对宽容的完美阐释。

生活中存在着扎根于无知和恐惧的无端怨恨，也存在着因精神懒惰而生的麻木不仁。一个为人处事宽容大度的人，必须要在这两者之间取得微妙的平衡。英国政治家约翰·莫利（John Morley）曾说过："大部分人都谈论所谓的宽容，但其实他们既没有自己的观点，又不想费力气去明辨是非，只不过是装腔作势地在嘴上说说罢了。"拥有一颗宽容的心不代表我们在道德上堕落或是偏离了常规原则。有时候，我们会听人说："这种观点和那种观点相差无几，彼此彼此而已。"这样的心态并非宽容，而是敷衍了事的懒惰行径。话说回来，我们也不能强迫邻居与我们的观点保持一致，侵犯别人权利的做法是绝对错误的。

英国的大诗人约翰·弥尔顿（John Milton）和神学家罗杰·威廉斯（Roger Williams）的理论发人深思，他们不主张闪烁其辞、默认接受，更不主张自以为是的强词夺理。真理的全部内容，比任何一个人的认知都要宽广且蕴含着深不可测威力。世界上有太多无知愚昧的人，偏偏就爱宣布真理掌握在他们手中，你若想问他们要证据，就等着挨拳头吧。我们不妨来回顾一下过去那些曾认真决定的意见或情感，是否已在历经多年的磨砺后感觉过时或是消失了呢？当然，如果能多点运气或是直觉很可能会将那些执念摆脱得更彻底。法国哲学家勒南（Renan）曾经说过，“在我们停止思考的地方，我们的观点会凝固不变。”这句话提醒人们，除了不要过分地固执己见，还要预防思想血管的过早硬化。谨记，千万不要相信自己永远绝对正确。

由此，宽容就成了个人和社会自由的坚实壁垒，它捍卫着公民的权利，推动着文明的进步。出版自由、集会自由、结社自由、宗教自由、民主政治自由等等宝贵的社会进步，都是在宽容大堤的保护之下，才得以繁荣发展。无数英雄抛头颅洒热血才筑成这座大堤，而又由无数勇敢的人一路守护至今。若是遭到抵制和破坏，不仅会损害我们辛苦争得的自由，还会让其他那些尚未争得的自由更加远离我们。所以，一旦对宽容的原则有所松懈，一旦在日常生活中放弃对他人的宽容之心，就会使维系着现代社会结构的文明体制濒于危险的境地。

美国历史上曾经涌现过好几位极为宽容的伟人：

乔治·华盛顿尽人皆知，但鲜有人知的是，他曾为保护亲英派的合法利益而“出手”过。当时一群被爱国主义情绪冲昏了头脑的美国人，企图洗劫亲英派人士的财产并对他们施以暴力，而他却以包容的心态为亲英派打通了另一条道路，即让他们平安移居到英属国家加拿大生活。华盛顿提倡精神自由，但也愿为其他意见不一的人做辩护；罗杰·威廉斯由于在塞勒姆无法享受宗教信仰的自由，于是便在冬季步行穿越大森林，历经艰难险阻建立了普罗维登斯，树立起美国第一个奉行民权至上和宗教宽容的精神圣殿；菲利普斯·布鲁克斯（Phillips Brooks）在一次著名的布道中，曾把美国人的宽容精神浓缩在几句极富哲理的话中：“宽容意味着在对立的思想之间保持一种合理、体面的关系。我可以不同意朋友的观点，但我却尊重他，我希望他能够坚守自己的信念，但同时我也有权力说服他接受我的看法。宽容意味着结合，真挚的信仰和个体的差异在宽容中完美而和谐地共存。”

然而，尽管不断有仁人志士提倡宽容的精神，但它本身却像一棵弱不经风的小树，如果没有人精心照料，很快就会枯萎凋零。当宽容的小树慢慢腐烂，象征着不宽容的毒蘑菇便会破土而出，占据心灵的土壤。这个过程并不是一蹴而就，而是在不知不觉中悄然改变的。公民的权利被剥夺，审查制度建立，仇恨的种子生根发芽，压迫性的法律颁布生效，这样一步一步走下来，我们很快便会发现自己走入了狭隘的黑暗森林中，阳光被遮蔽，伸手不见五指，每个人都惶惶不可终日。

民主其实就是把宽容的原则运用到政治的范畴内，宽容能够保护而不是消灭少数派。少数派在宽容的保护下可以发挥重大的作用，起到平衡监督、制约执政党的作用，这也是美国政府经营理念的重要基础。宽容一旦离我们而去，民主也将随之化为乌有。

第五节
真正成熟的爱

从爱与恨的角度出发来看，心理学中的一些重大发现也一并揭示了宗教的任务。我们没有必要劝诫人们去严格遵照利他主义的教条行事，只需要教导人擦亮眼睛，除去种种自恋、自虐的伪装，更彻底地看清自我仇视的现象。今天的宗教要做的是，引导大众发现导致自我心态曲解的根源，学会战胜那些妨碍内心宁静的伪善敌人。因为这种虚伪的爱，实质上不过是披了面纱的虐待而已。宗教可以指引我们在认识真正的爱和虚假的爱时睁开双眼，用敏锐的直觉去体验爱。除此之外，它还有助于我们进一步认识所谓爱你的邻居的理想并不是虚妄的幻觉，而是人类世界终极目标里不可缺少的组成部分。

今天的宗教可以帮助我们了解，那些永远索取爱却拒绝主动奉献爱的人，其实是因为他们的精神发育、发展受到了阻碍，是我们应当同情并提供帮助的对象。就像医生需要通过人工手段对腺体分泌不足的儿童注射激素，以促进他们的身体成长发育成熟一样，我坚信我们也能通过敏锐的直觉看到那些自私自利者和反常者们的内心，并适时施以援手。到那时，我

受到现代心理学启发的宗教，可以教育人们如何定义“爱”，即成熟的爱和不成熟的爱。

们就能意识到，那些唯我独尊的人是道德的愚者、精神的病患；那些对人生只愿索取不愿奉献的人，就如半死不活的行尸走肉一般。

受到现代心理学启发的宗教，可以教育人们如何定义“爱”，即成熟的爱和不成熟的爱。如果为了弥补过去犯下的错误，而给自己开出一张无力赔付的罚单，就好像穷困的战败国无法满足战胜国复仇般的赔款要求一样，这种爱不能称之为成熟。如果我们希望自己独当一面、完美无瑕、纯洁神圣、傲视天下，那么，不管我们在精神培育和心灵修行上花费多少心血，我们对自己的爱，充其量也只能像宗教裁判所审判员对被烧死的异教徒的爱一样。

结语：

奉献给邻居的成熟之爱不会附加任何条件，也不会去强行实现无法企及的目标。成熟的爱意味着：人生的理想就在于能够以宽阔的心胸茁壮成长，灵活地与他人相处，以及逐渐实现和谐进步。爱一旦成熟，就会尊重并珍惜“自我”和“邻居”的价值。如果一个人能够珍惜人性中富有建设性和创造性的价值，就能够将自己视为人类社会文明遗产的一部分，这样的人就可以掌握奉献和索取间的平衡，既不会让自己骑在别人头上作威作福，也不允许自己沦为他人的奴隶而言听计从。只要做到这一点，就是迈入了神圣的殿堂，领悟到了真正的成熟之爱。

第五章　摘掉恐惧的面具

第一节　恐惧机制

第二节　何为神经性恐惧？

第三节　愤怒、侵害和敌对

第四节　经济恐惧——真实与虚幻

第五节　形而上的恐惧

如果说恐惧和担忧的经历实属正常，那么它也有可能掌握着使我们心灵的敌人归于宁静的潜在力量。

如果说恐惧和担忧的经历实属正常，那么它也有可能掌握着使我们心灵的敌人归于宁静的潜在力量。

第一节

恐惧机制

现实世界充满了不计其数的危险，作为普通人的我们，在日常生活中总会遇到各种各样的恐惧。无人能够准确预知这个世界的发展走向，而我们生活在其中，也就不可避免地要面对这些突如其来的恐惧了，这就是现实。但是，如果说恐惧和担忧的经历实属正常，那么它也有可能掌握着使我们心灵的敌人归于宁静的潜在力量。

伯特兰·罗素在《一个自由人的崇拜》中说过：人类最伟大的成就，就是在这个千变万化的世界中，实现和保持自己内心的平和，任凭外界风云变幻，我心依旧静如止水。

从某种意义上而言，人类在神的庇佑之下，有能力去认清恐惧。要知道，如果没有产生察觉恐惧的机能并随时向身体报警的话，那些威胁我们健康和幸福的炸弹、病毒、社会罪恶和道德陷阱，早就使人类文明毁于一旦了。这个世界确实存在着种种恐怖和充满敌意的事物，为了能够更好的生存，了解恐惧及其背后的机制是非常必要的，人类要想继续生存和发展，就不得不去学会如何躲避或者打败这些事物。

从另一个意义来说，人类文明的一切发现和发明都是为克服自身恐惧而衍生出的副产品：因为恐惧黑暗，学会了使用火来照明和御寒，后来在发现了电之后又发明了电灯；因为害怕疼痛，而创造了医药学，通过外科手术、麻醉剂和各种门类繁多的疗法来缓解不适或是治愈病痛。人类对恐惧不断增强的才能，就是推动人类成长发展的能力。而恐惧就是刺激它们生成和推动创造发明的力量，如果没有了恐惧的驱动，人类就谈不上真正的生长成熟。

作为人类，我们必须为自己畏惧的事物付出代价。虽然野生动物也有恐惧感，但是，它们根本无法体会只有人类才能感受到的喜怒哀乐，那是因为人类拥有动物所不曾具备的想象力和推理能力。不过，正因如此我们也付出了惨重的代价，如人体中布满了各种感官的神经末梢，让我们的身体很容易直接受到痛苦的伤害以及生活中悲欢离合的情感刺激。那些贝类动物，就不会让自己处在这些危险和痛楚之中，它们可以把自己包裹在硬硬的壳里。虽然有时候，我们也会对自己的命运感到厌烦，有些羡慕那些贝类动物，但若真的可以做出选择，恐怕没有谁愿意变得像贝壳一样，对包括恐惧在内的所有感受都失去应有的感应。因为如此一来就意味着我们将无法觉知爱、渴望亦或是忠诚了，而人类对恐惧的敏感，不正是人类的成长沃土吗？

此外，人类的气质和性情也是不尽相同的，每个个体能够承受情感冲击的能力高低也大相径庭。有的人在情势所逼下也能够冷静从容地应对危机、承受重压、坚持到底，绝少有精神崩溃的时候；而有的人如果想要保持心态的平和，就不得不大幅减少自己负荷的压力。我在这里有一点需要强调：那些最容易受到恐惧折磨的人，往往是一些富有创造力的人。例如，

恐惧分为两种，受欢迎的和不受欢迎的，这两者不可等同。

林肯和陀斯妥也夫斯基，他们一生都在和抑郁的情绪作斗争，心灵饱受痛苦的折磨。但与那些生活幸福、性格开朗的“乐天派”比较而言，他们无畏及自由的生活只会走得更远。

既然我们承认个体间确实存在着各种差异，那么想要统述出所有人的情况就很不实际了。每个人应该都经历过恐惧，虽然形式不同，但在表现方式上却是大同小异。不论男女老少都会不同程度的感受到羞耻、害怕、痛苦、孤独和寂寞等情绪，并为之寻求帮助和安慰。但是，当我们谈论内心最深处的真情实感时，受传统观念的束缚，我们往往选择缄默。其实，我们根本没有意识到，恐惧是把全人类维系在一起的纽带，每个人的内心体验都不过是其中的一个渺小部分。

恐惧分为两种，受欢迎的和不受欢迎的，这两者不可等同。受欢迎的恐惧，指人在面对生理的和社会的真正危险时，发乎于心的那种情感。例如，在前线作战，无时无刻不在体验死亡威胁的军队将士，这种恐惧会加速他们肾上腺激素的分泌，刺激他们释放自己肉体和精神的力量，从而成功应对客观的危险，战胜敌人。而那些不懂得害怕的军人，往往更容易给自己和战友带来危险。

同样的情况在我们的日常生活中也是随处可见。例如，我们在身体感到疼痛时去找医生，担心它可能会进一步病变危害身体健康，因此，是疼痛给我们发出了预警信号，这个时候痛苦就不是敌人，而是我们的朋友。再如，在这个核能使用飞速发展的世界中，那些有着大局意识的仁人志士都在为此担忧：核能的发展具有革命性的意义，一方面合理利用核能，可以促进人类的健康、幸福和繁荣。而另一方面，它也可能成为毁灭世界的罪魁祸首。在对这种现实的恐惧驱动下，许多国家纷纷制定政策，消除核武器、防止核扩散、遏制核能为社会带来的种种危险。看得出来，是对核能的恐惧激发了人们的行动。事实上，有些恐惧是非常必要的，对于这种受欢迎的恐惧，我们没有必要去消除，因为它对人类的生存和进步是有利的。

而那种不受欢迎的恐惧，是阻碍人类前进、降低办事效率、传播身心疾病的不良情绪。一旦超过了正常限度，我们就应该适时加以制止或排除。例如，在我们的精神生活中，感知一定程度的焦虑是一种常态，且有益于身心健康。但调节人体生理活动的内分泌激素如果过量的话，就会对身体造成伤害；同样，若是内心的恐惧“分泌”过度的话，就会危害甚至是歪曲我们的人格和性情了。

第二节

何为神经性恐惧？

弗洛伊德生动形象地说明了正常恐惧和神经性恐惧之间的区别。他说，如果一个人身处非洲原始丛林，那么他理所应当会怕蛇，这是一种正当的自我保护。但是，如果一个人突然担忧起自己房间的某个角落会冒出一条蛇来，这种恐惧就是一种神经质了。我们可以用弗洛伊德的这个标准，来衡量和判断自己的恐惧。例如，一位波兰母亲担忧她的孩子会被饿死，结合当时全国粮食匮乏的境况，这种忧虑是可以理解的。但在美国，有位富有的母亲对我们说，她担心自己的孩子正因慢性营养不良而面临死亡。就让我怀疑，如此病态且有神经质倾向的担忧是受她心中那些罪恶感、恐惧感和仇恨感的影响而衍生出来的。

然而，大多数人的恐惧其实在本质上就是如此。在研究了关于“个人恐惧”的各种情况后不难发现，人们的种种恐惧，多是一种类似杯弓蛇影，虚构化了的关注。比如，人有时候会过度为自己的健康而忧虑，导致情绪低落，甚至害怕自己得了不治之症，紧接着就开始为自己的心脏、肺部、血压和睡眠担忧，反复摸脉搏、测心跳，在自我诊断的过程中，把那些原

我们对自身、对失败、对不安产生恐惧，而这种不安又被我们代入到那些交往甚密的亲人身上，又或者在某些试图亲近我们的人中慢慢延伸。

本正常的现象当成是不治之症的前兆。除了担忧身体疾病外，我们也会担忧一些其他情况，总之是给自己打造了一个漆黑的世界，将象征着爱、友情和家庭的阳光隔离在外。例如，有时会感到自卑压抑，觉得生活没有保障；对自己的失败过于苛刻，要么极度自我膨胀，要么就否定自己的实际价值。

我们对自身、对失败、对不安产生恐惧，而这种不安又被我们代入到那些交往甚密的亲人身上，又或者在某些试图亲近我们的人中慢慢延伸。很多母亲声称担心女儿的道德情操出现了问题，其实这本质上是无意识地担心自己是否遵守了内心的道德观。我们还常常听到来自商人对政府税收的抱怨，或是政客们对国际关系的忧虑。他们都把自己的不满和情绪低落归咎于外部原因，却忽视了恐惧的真正根源是在自己的内心深处。

“乔装”后的恐惧

我们必须意识到：恐惧总是藏在各种各样的伪装之后，总会带着形形色色的面具。有时，它们伪装成某种精神恐惧症，比如我们常说的恐高症或恐闭症（密闭空间恐惧症）。现代心理学的发展把研究回溯到人类的童年时期，从幼年时代的体验去了解人们的心理问题，这些儿时的记忆里可能就掩藏着我们产生恐惧的根源。所以，我们今天才慢慢明白，为什么很多人每天提心吊胆，有时候怕一个人呆在一个地方、有时候又自我封闭绝不介入其他事物。有的人在虚荣心的驱使下，担心失去他人的爱和尊敬，害怕被人轻视、拒绝或者揭下虚荣的伪装。

来源于爱的恐惧把某些女人变成了石头般冷酷无情的雕像；来源于成功的恐惧（其实很多人是害怕成功的）使得某些人沉迷酒色，挥霍度日。

卡尔·曼宁格[①]在《人与自我》(*Man Against Himself*)一书中曾提道：现代人出于恐惧，为了不让自己的成功出现更成熟或是得到更大的成就而谋划出种种繁复的阴谋：他们给自己的心灵拷上了恐惧的桎梏，内心充满了忧虑和愧疚，这一切的一切只是因为他们无法面对可能出现的失败。

内心的恐惧往往还会让我们误以为是自己的身体出了问题。身心疗法这一新的科学向我们展示了，从寻常的感冒到严重的关节炎等疾病，都可以追溯到人类内心深处的恐惧情绪之中。古往今来的艺术家和小说家早就深知这个道理，就像托马斯·曼[②]在小说《魔山》(*The Magic Mountain*)中描述到的，很多天性敏感胆小的人不敢直接面对生活和现实，便把肺结核这类的疾病作为挡箭牌。诚然，以生病的方式逃避要比勇敢面对生活要容易很多，许多得慢性病的人的不健康状态，其实可能是他们神经性恐惧的一种伪装和掩饰。

乔装一

在那些看起来春风得意的成功人士身上，恐惧的面具则更加隐蔽。

例如，有这样一个商人，事业有成，在商界呼风唤雨，所有人都对他毕恭毕敬。但他却总是苛求自己，一直都不相信自己真的有能力取得今天这样的成就。因此他不断地给自己修筑新的防线，以预防未来可能出现的失败及其附带的风险。他在这方面投入大量的精力和时间，却忽视了现已取得的成绩。从表面上看，他的确称得上是一个成功人士，但他内心始终觉得自己是个失败者，终日被恐惧压得透不过气。

---

① Karl Menninger，1893 –1990，美国心理学家。

② Thomas Mann，1875– 1955，德国作家，曾因《布登勃洛克一家》而获诺贝尔文学奖。

缘何如此呢？在他尚处于年幼弱小且能力不强的阶段，为了向大人证明自己并非一事无成，相继进行了很多尝试，当然，这些颇显幼稚的“探险”无一例外都失败了，还成了他们的笑柄。也许那些大人很快就忘记了对他的嘲笑，但孩子却会铭记于心。本来他对自己的第一次尝试充满信心，并满怀希望地展示自己的“才干”，但当那个怯懦、失败的自己在那些成人的嘲笑、不认可以及轻视声中显露出来时，他的世界便自此崩溃了，这对敏感的孩子来说，无疑是一种再难恢复的打击。由此，在他成人后的生活里，就会认为在自己的职业生涯中总会一不留心就因各种风险或问题而失败或是崩溃。于是，他越来越不相信自己有实力去战胜困难，反倒一直期待着失败的出现。他的不安全感及自卑情绪，不过是童年时的不愉快经历所遗留的恐惧感，在成年后又不断变相的重复罢了。

乔装二

卡伦·霍尼[①]曾经形象地刻画过一个总是郁郁寡欢的女子。她有很疼爱她的丈夫和两个聪明可爱的孩子、有一大堆知心朋友，还有一套宽敞舒适的房子，但她依然感到沮丧绝望。要是有人对她说：“让你产生如此悲观情绪的事物，其实不过是你在脑中虚构出来的幻觉罢了。”她一定会觉得非常荒谬。尽管事实确是她在庸人自扰，但我们更应该去关注为什么她会心生如此有违实际的念想呢？

我们只能在她性格发展的过程里寻找答案，一直追溯到她最先出现这种情绪的时候。看看她都经历了什么吧：她的母亲是一个聪明但却自私的人，父亲是个一心扑在工作上的医生，家里还有一个大她三岁的哥哥。她生下来就是个不受欢迎的孩子，母亲觉得是这个小女儿的出现妨碍了她的

① Karen Horney，1885-1952，西方当代新精神分析学派的代表之一。

社交自由。女孩能够察觉到家中的气氛不对劲，母亲似乎与哥哥更为亲密，虽然没有人公开言明，但也能从生活的细枝末节中感觉到自己已被孤立于他们的小团体之外了。她很希望能够融入到他们的圈子中，享受家人的关爱，但是母亲和哥哥都对她态度冷淡，这令她很是失望。她曾试图通过发脾气来表达自己的愤怒，但很快就会遭到严厉的处罚。

后来她懂得了，如果不把自己的怨恨和不满隐藏起来就无法得到被爱的机会。慢慢地，她发现只有自己肯勉强做个温顺听话的小淑女的时候，才有可能得到家人分给她的那一点点少之可怜的关爱和赞扬。于是，她从此伪装起自己的本性，变得虚伪且依赖他人，也学会了用假象来掩盖自己的真情实感。

直到慢慢长大，进入青春期，再步入成年，在这漫长的时光里，她始终生活在虚伪和谎言之中。不敢将才华表现出来，因为受早年“自我主张”的影响而带来的痛苦和拒绝使她断言自己必定与成功无缘。在她表面看似光鲜美好的生活之下，埋藏的都是些从童年时便开始竭力压制的怨恨和愤怒情绪，它们无以宣泄，就像毒蛇一样啃咬、拉扯、缠绕着她，而她却终因不敢正视、恐于面对而深中其毒。

乔装三

有一种恐惧常隐匿于身体疾病中，而不是表现在精神抑郁或是愁苦心理上。

有一个妇人的经历刚好可以阐释出恐惧的这种伪装方式。这个女人四岁时就成了孤儿，自此跟随老祖母一起生活。老太太是个严厉且令人生畏的人，对女孩的管教亦十分严格。孩子虽然心怀恐惧，但在她几乎严苛的

每个人都有自身的缺陷，谁都难免有不如他人的地方，如果我们一味强化自己的恐惧和自卑情绪，就会把本已结束的过去重新唤回到生活中来。

传统道德理念的影响下，却从不允许自己表现出任何愤怒的情绪，因为忤逆长者是不道德的行为。可惜长期在这种状态下生活使她感受不到任何被爱、被欣赏的温情，恐惧日益加深。于是，为了逃避这一切，女人最终选择了早早嫁人。但不幸的是，她那浪荡的丈夫没有能力给她真正的爱，而她才30出头就患上了高血压。只因她内心深处的矛盾冲突太过剧烈：一方面，她渴望着别人的关爱，却从来没有得到满足；另一方面，她内心充满了愤怒，却没有任何途径可以宣泄。

心理学试图告知我们，在对待个人的恐惧心理和成长过程中面临的种种担忧时，我们首先要毫不畏惧地面对它们。然后才能意识到，那些童年的不愉快经历早已过去，没有必要一次又一次地为曾经的小小失败或者微不足道的错误而一直为难自己。法律根据罪行的程度规定了“诉讼时效”[①]，同理，我们也该为自己的焦虑及恐惧设定一个权利期。

每个人都有自身的缺陷，谁都难免有不如他人的地方，如果我们一味强化自己的恐惧和自卑情绪，就会把本已结束的过去重新唤回到生活中来。我们无法想象：作为弱者，孩子的情感世界是多么的孤单和无助，摔在地上或从床上跌下来，却无法用语言来表达自己的那些疼痛、气愤或是孤独的感受。而当这些情况发生时，又常常得不到其他人的帮助和关心。人们在孩提时期的心灵成长状态实际上还不够完善且脆弱而不稳定。也就是说，孩子的劣势和成人世界的优势间存在着巨大的差异。但是现在我们已经长大了，这些担心也就失去了意义，不再让人觉得恐怖了。耶鲁大学的多拉德教授（Dollard）说过：“那个父母的能力胜过一切的世界，已经不复存在了……当人还是孩子的时候，眼里不会出现能够超过自己父母的人。”唯一可行的正确之路是直面自己的情感滞后现象、努力缓解情感失衡、看清童年时代的脆弱和失败与长大成人后的自己无法相提并论的现实，只要能

① 指权利人在法定期限内不行使权利，就丧失了起诉权。

> *我们应该把童年当成一面镜子，用以反观现在的生活，看看自己当下存在的恐惧和担忧，有多少是扎根于早年经历的变种。*

做到这一点，就可以有效地克服自身的恐惧。

格林克上校（Colonel Grinker）和斯皮格尔少校（Major Spiegel）在他们合著的新书《压力下的人》（*Men Under Stress*）中指出了消除人们的情感滞后是多么的重要。许多飞行员无法转移自己在战争期间和战后所承受的身体痛苦和不安心理，即使通过催眠或长时间的休息仍无法缓解其影响。原因就在于这两种方法都不能使他们重新认识自己及过往的经历。后来，经部队使用的新方法——“催眠综合治疗法”，这些久经痛苦折磨的飞行员才得以身心痊愈。以此疗法可以带领他们的心灵回顾过往经历，或许是受之于战争的冲击，又或许是少年时代的矛盾与冲突。不论这些记忆还有多少留存于心，今天已然成熟的自我都有足够的勇气面对和战胜他们，使身心重获健康。

当然，这不是说我们所有人都必须求助于“催眠综合治疗”。这种疗法旨在说明人们今天感受到的恐惧，本质上仍受早年经历的影响，只不过换了一种形式延续，重现在内心而已。认识到这一点，我们就可以放手利用这种现象来安慰和帮助自己了。

如果父母真的讨厌我、排斥我，那么，我应该怎么办呢？你要知道，父母并不是我们生活的全部，也不能代表世界上所有的人。除了父母，一样会有很多喜欢、关心和需要我们的人为我们带来全新的体验。所以，何必拒绝现在的世界，把自己囚禁在过去的牢笼中呢？我们应该把童年当成一面镜子，用以反观现在的生活，看看自己当下存在的恐惧和担忧，有多少是扎根于早年经历的变种。

你是否曾无法摆脱关于对死亡的种种恐怖的猜想，或是去思考来生可能要遭受到的惩罚？现在，让我们先来看看这种恐惧心理在早年的经历中是如何显现的吧：当我们因错受罚时，可能会被锁在房间里或是被弃之不

没有必要在成人后仍延续只存在于或只适用于童年阶段的思维方式来解读现在的世界，用那时经历过的孤独与惩罚来左右当下的自己。

管，觉得父母好像不要我们了。但我们没有必要在成人后仍延续只存在于或只适用于童年阶段的思维方式来解读现在的世界，用那时经历过的孤独与惩罚来左右当下的自己。

你是不是担心自己不如他人、不被认可，会受到大家的排挤呢？让我们用成熟的眼光来看待这些令人忧虑的事情吧。你很快就会注意到，自己确如其他人一样有能力、优秀、善良、聪明、才华横溢、魅力四射，但偶尔也会像我们的邻居那样犯点小迷糊。我们应该认识到，别人的标准是有局限性的，所以没有必要用他人的标准来衡量我们自己的行为和价值。要记得，你已经是个“大人”了，在人们彼此关联、相互需要和依赖的环境下继续成长，再也不用像童年时候那样，空守外界的关爱或是惩罚了。

第三节

愤怒、侵害和敌对

我们之所以会出现许多身体问题或是心理障碍，皆因对自身的恐惧而起！

我们担心深埋在内心某处的愤怒会在某一时刻使自己做出伤害别人的举动。很多有着丰富人生阅历的人，识人无数、处变不惊，却仍会惊讶于自己其实还是如此易怒！在办公室、工厂、医院或家里，每当自尊心受挫或是受到伤害的时候，内心潜藏的愤怒就可能一触即发。不论小心掩藏是出于何种原因，人们今天更希望听到的是，这种愤怒的力量是可以被引导，并转移到更富创造性的渠道中去的。

关于愤怒

那么愤怒是如何产生的呢？当我们还是婴儿的时候，会有类似饥饿等各种生理需求，如果父母未能及时满足我们，我们就会大声哭喊，而当这样做都不能引起关注的时候，就会变得非常愤怒。这种不安和挫折会让我们在发脾气的过程中产生敌意，可大人又会因为我们的坏脾气或无理取闹的行为而惩罚我们。这些处罚又让我们内心产生了新的恐惧。恐惧便在“挫折、愤怒、惩罚、恐惧”这一循环往复的模式推动下完成了，并联合愤怒相互作用于我们的生活中。当我们进入成人期，迫于适应生存的各种境况，要想满足一己之需，往往须得通过攻击他人或是侵犯更多人的利益才能够得到。这对我们来说就意味着要把自己的愤怒狠狠压制，蜷缩在恐惧的面具之后。

那么，正确的方法是什么呢？我们都知道，成年人身上多带有一定程度的攻击性（好在基本上都可自行拿捏分寸）。大部分人可以通过运动、竞赛、极限挑战，或参加社团活动等来消耗及排除掉自己的愤怒情绪、进攻性和破坏性。除此之外，我们都知道，现在已经没有人会像当初我们小时候那样被父母教育、处罚了。人们可以更自由地表达自己的情绪，更有信心的表达对胜利、对追求的渴望。因此，我们完全没有必要再去压制自己内心的愤怒，阻止天性使然的诉求。

有的时候，我们光凭借想象就可以宣泄怒火。如英国作家马克斯·毕尔邦（Max Beerbohm）爵士就是一个典型的例子，他常常想象在给自己深恶痛绝的人写信，有的时候想着想着，就真的开始行动了。其实在炮制的过程中，他的怒火也就渐渐熄灭了。

心智成熟的人，应该把自己的心灵看成是一个民主而自由的国度。在那里，不管什么稀奇古怪的情感和想法都应该享有存在的自由，可以自如地表达出来。想想看，在国家的政治舞台上，各党派形形色色的政治活动都享有适当的自由，那么，我们是不是也应该有信心让内心深处的各种想法和欲望拥有同样的自由呢？即便有一些所谓“危险”的情绪或思想，也很难在正直、有创造力的思想或欲望这些占主导地位的“多数票”中胜出。也就是说，即便这种不良的情绪影响了我们，也实在没有必要大惊小怪。相反，我更倾向于行为上的自我控制，正是基于精神上的自我表达。

有时候我们会把愤怒坦露给好友、兄弟或者教父，但在某些时候，就需要心理师的专业疏导了。有个现象听起来很诡异：我们所倾诉的对象，有可能临时成为我们愤怒情绪的进攻目标。

在现代心理治疗的过程中发现，人经常会把厌恶、敌意或恐惧的情绪发泄到身边的亲友身上。童年时期在与父母兄弟姐妹的关系中，其实早已经历过这种情绪转移，只是过去那么多年，这种情绪早就被深藏在心底，被暂时遗忘罢了。当人们向其他人发泄时，无疑是把自己的情绪转移到他人身上了。这种转移过程可能是令人不快的，但它有助于我们宣泄和缓解自己的情绪。穷年累月后我们慢慢懂得，自己并不是真的讨厌亲戚朋友或者其他什么人，他们只不过是我们发泄情绪的临时靶子，而我们的厌恶、敌视等情绪所反映的只是限于某个成长阶段没能及时得到释放的残留物罢了。那些曾帮助我们释放不良情绪的极具耐心且冷静“分享”的朋友或治疗师们，反成了无辜的受害者。尽管如此，从某种意义上讲，他们就是我们最好的医生，使我们在一定程度上缓解或是根治了某些不好的心理问题。

某个希望寄托的来源实际上只是我们在相应心境下的短暂念想，这对很多人来说是颇为艰难的一课。就像在我们身体极度疲倦的时候，哪怕动弹一下都会觉得很难受，恐怕连老鼠堆起来的小土堆，都成了难以逾越的高山。人之为人，难免会有抑郁情绪，这再正常不过了。知道吗，当我们走进黑暗的隧道时，不要忘了它不仅有入口，同样的，还会有一个出口，不管隧道如何曲折，我们都能再次回到光明。人是坚强的生物，能够抗得住人生经历中的百般磨难，虽然偶尔也会放声大哭，但绝不至于崩溃。同样的道理，某一天或是某个月的悲伤、痛苦，并不代表是人生的常态，我们也没有必要把这暂时的状态当成人生的全部。就像那条黑暗的隧道一样，

恐惧其实是我们的老朋友了，由于长时间的相处，恐惧也就附带了其额外的价值，致使我们反而害怕失去它。

在短暂黑暗的两边都有无限的光明。

当恐惧出现的时候，人们其实都非常愿意接受别人的关心和帮助。但是有许多人却选择拒绝别人的好心，这是因为他们觉得向他人承认自己的弱点是非常丢人的；还有的人牢牢抓住自己的恐惧不敢放手。这容易理解，从某种程度上说，恐惧其实是我们的老朋友了，由于长时间的相处，恐惧也就附带了其额外的价值，致使我们反而害怕失去它。借助恐惧感的存在，我们可以抵挡或拒绝面对现实的痛苦。

例如，有位女士就在无意识中成为这种心理的受害者。她病了大半辈子，但总是拒绝彻底痊愈的机会。这源于她小时候通过生病来吸引别人的关注和关怀的“成功”经验，即以生病的方式来维系其人际关系。在吃到甜头后，她就不自觉地去沿用这一方式，用自己的可怜相来吸引丈夫、孩子、亲戚和朋友的注意。自此，疾病就成了她的一个盾牌，在保护自己的同时也将通往现实的道路一并阻隔在外了。

虽然说恐惧可以保护我们免受现实的痛苦，使我们逃避一些成长烦恼。但多数人都不会满足于沉溺其中、受其控制，而是希望作为个成熟的人，将自己的人生牢牢掌握在自己手中。也正是这种想法督促着我们要变得更加优秀，更加自由，从恐惧的背后走出来堂堂正正的面对现实。

的确，我们需要学会乐于接受别人的帮助，并利用各种资源来使自己摆脱困境。这种帮助并不是唾手可得的。人类社会的资源稀少而紧缺，所以我建议政府和相关部门应该鼓励和资助更多的精神科医生和心理师在全国各地开办诊所。其实现在我们已经建立了很多为当地民众提供心理辅导和精神康复的机构：比如退伍军人诊所就在帮助老兵消除战时的紧张心理和战后的恐惧情绪中，在社会的和谐进程中起着重要的作用，且这样的诊所已在全美国境内设立了多个分支。此外，还有很多接受过心理培训的志愿者纷纷加入到各种福利机构，服务大众；不少工厂和企业也专门设立了心理咨询员，他们把精力都无私的投入到从事大众心理治疗的事业中去了。另外，不论是哪种宗教或教派的神职人员，都在努力进行精神病学和心理学方面的专门培训，以便能够为教区内的信徒提供专业的心理辅导和治疗。

有一点让人很欣慰，在这个科技化时代，尽管科学技术带来的进步在某方面显得冷酷无情，但是教堂，尤其是犹太教堂这类民众聚会交流的重要场所却很好的维护了人与人之间的情感链接，而也正是在教友们的交流、关怀和温暖之中，使得人们有机会互相帮助，互相支持，而对病患而言治疗效果亦非常明显。

关于恐惧

控制恐惧情绪最好的方法就在于愿意接受他人的帮助。与此同时，我们还要学会接受真实的自己、看清自己的能力以及意识到自己的局限与不足。在第三章里，我就已经指出了，在情感世界中，我们要接受自己的不良情感、情绪，认识到自己的缺陷和不足并学会与它们妥协。这对我们来说是非常重要的。但是很多人仍觉得，要接受自己的缺陷和不足实在是太难了。缘何如此呢？部分原因是，当我们还是孩子的时候，有过很多不切实际的梦想（想象自己能够成为征服其他国家的国王），而听到的故事、寓言或童话中，都着重强调于人类的高强能力，却对缺憾避而不谈。其次，作为一个孩子，赋予自己强大的力量（就像我们所喜爱的偶像那样），也很可能是为了遮掩自身的脆弱和渺小。还有，父母从小就要求我们做事情尽善尽美，这种压力让我们备受折磨，但我们那时却无法意识到，无数父母把自己没有实现的理想强加到儿女的身上，是让子女为自己的失败做出“偿还”。这种执着于希望下一代完美无缺，以便实现走出自己失败的阴影

人都存在着一定的局限性。我们能做的，就是在接受自己不完美的同时，也坚信自己是独一无二的，无可替代。

的渴望，其实是源于他们不接受自己的缺陷和不足导致的。不幸的是，这样一来儿女就成了父母曾经失败和悲剧的延续者！

我们背负着童年的希望与幻想慢慢长大，自然而然会产生忧虑和恐惧且愈发自卑。由于内心的混乱和过分追求完美的压力，我们很容易患上溃疡、高血压和心脏病等身体疾患。所以，要想真正获得内心的宁静，只有放弃童年的那些过渡的期望与幻想。要知道，金无足赤，人无完人，尽管我们会时不时懒惰、小心眼、愤怒、冷漠，但大部分时候是善良、慷慨，和富有创造性的人。或许是心灵手巧的工匠、是才华横溢的音乐家或艺术家，或是有着抽象思维的理论家，但几乎没有人能够同时具足这些天赋。这就是说，人都存在着一定的局限性。我们能做的，就是在接受自己不完美的同时，也坚信自己是独一无二的，无可替代。

一旦承认了自己确是能力有限，就意味着生活充满了灵活性及变通性。生命的真谛就在于，只要我们还活着就有能力不断改变、不断成长、不断发展，只要抱有积极主动的态度、有不愿呆板僵化自己的内在驱动，我们就会愿意尝试学习新东西、从事新工作、服务新事业。因此，让我们来领会接受自我的真相——承认自己的才华是独特的，而平庸亦是自身的一部分，每个人都有潜伏的恐惧心理，所以，坦然接受自己所谓的情感弱点吧。我们的一切技能正是在平淡生活中浓缩、丰富了的巨大宝库。相信我们更乐于带着某种限制及其背后蕴藏的机遇去享有快乐、勇敢的生活。

我们不仅要学会接受自己，更要试着改变自己。积极利用那些尚未开发的潜在资源实现自己的目标和抱负。同样，只要努力做出一些调整，我们就能够从悲伤或痛苦的困境中挣脱出来，避免陷入失意和失败的陷阱。由此，我们才能寻求到真正的自由、抛开形形色色的恐惧心理、扭转小我的心态，并将自己的能力和才华奉献给他人，投入到崇高的社会事业中去。

人们会因事业失败、所犯过失，及被可能来临的不成功打回原点，而心生恐惧并以此来折磨自己。

第四节
经济恐惧——真实与虚幻

生活在这个复杂的世界中，我们会对与自己有关的社会发展前景及经济走势感到恐惧。这种心态很常见，因为它并不是类似想象中盘踞在角落的毒蛇，而是种切实的存在。人们会因事业失败、所犯过失，及被可能来临的不成功打回原点，而心生恐惧并以此来折磨自己。

在这世上，有不计其数的人在担心失业、个人前途发展，还有自己的职业规划或行业生涯会突然生变。这些都是真实的恐惧，不是靠某个神奇的词就能消除掉的。最糟的事情之一就是失业，它直接摧毁了我们的骄傲和自尊、粉碎了一个人的精神。人们很容易丧失自我，失去精神、勇气和自信，特别是害怕在最爱的妻子和孩子眼里成为失败者，这是每个人都难以接受的。在高度竞争的现代社会，这种恐惧很常见，我们总是忧心忡忡，害怕自己的努力达不到目标不能通往成功之路，还担心朋友或者邻居比自己更成功、更有权有势。

对于恐惧和担忧我们还能再说些什么呢？重要的一点是，我们都应该意识到，在行业和商业方面的暂时失利并不意味着自己就是彻底的失败者。富兰克林·罗斯福曾经说过，现在的经济体系不健全，机构臃肿，还有很多无法控制的因素在对个人起着作用，所以当某人的努力失败时，也不应该完全责怪自己。在一个人由于暂时定位错误、失业甚至是破产的时候，他自己及其家人也都不应该把他视为失败者。

但是，我们固着的经济担忧的真正原因是来自精神上的一些因素。在这里，我要指出一点，今天的美国人就像参加马拉松的选手一样，对在自己后面紧追的选手感到忧虑，担心随时会被超越，而对跑在前面的选手心存嫉妒，因为无法超越。在《社会的心理边界》（*The Psychological Frontiers of Society*）中，作者卡丁纳（Kardiner）花费了大量篇幅来分析人们向往成功和胜利的驱动源，正是受这种动力的驱使，无情的争权夺利和无数潜伏的事故使许多人在激烈的竞争中精神崩溃、心肌梗死。很多人说美国文化就是金钱至上，人们的生活目标不是享受，而是一味追求；不强调生活的质量，反而看重金钱的数量。而这种过度追求财富的过程，也就是自我毁灭的过程。在这种文化的鼓吹下，各个阶层的人都开始盲目追求和崇拜物质上的成功，而忽略了内心的需求。不过可惜的是，大多数人都没有能力和机遇得到这种他们想要的“完美”生活，残酷的现实早已让他们产生了痛苦感、自卑感和恐惧感。

积极的人性中有对当家作主的渴望和对事业有成的追求，这有什么错呢？错就错在我们没有把精力投入到真正有价值的地方，而是消耗在自己神经质的无用斗争上了。就好比我们仍然像古代以色列人那样，天天围着金牛犊[①]手舞足蹈。犹太教早就指明了金牛犊偶像崇拜的危险性，而借助心理学的启示，今天的宗教也可以让大众去反思这种崇拜的精神缘由。

---

① 金牛犊信仰在古代埃及、近东、希腊一代曾广泛传播。

许多人把虚幻的目标作为自己的对手，将死去的人、童年时代的兄弟姐妹或父母的影像当做竞争对象。

难以置信的是，人崇拜的其实并不是黄金本身，它在人们眼里不过是一种复仇的武器罢了，就像是一把所向披靡的利剑，一件刀枪不入的铠甲，清算了过去，抵挡了伤害。容易受伤的孩子，拿黄金来掩盖自己不切实际的白日梦，因为他们的目的并非出自本愿而是一些借来的目标（借用家庭主要成员的“壮志”来为自己设定计划，而非建立在对自己喜爱的生活文化中），这些目标其实往往是他们自己所反感和厌恶的。在不知不觉中，他们日复一日地打发着痛苦的时光，直至虚度一生，即便如此仍无意识地幻想着：“我将变得非常富有、非常强大，足以摆平甚至超越他们。”许多人把虚幻的目标作为自己的对手，将死去的人、童年时代的兄弟姐妹或父母的影像当做竞争对象。这些人一点儿也不快乐，因为他们永远不会在自己的目标领域中有所成就（取得绝对的胜利）。

拜金主义还会造成另一种精神性疾病。

激烈的竞争毁掉了当今美国的社区生活，有的人已经有了大房子、丰厚的财产和幸福美满的家庭，但他们还是会觉得这一切都不符合自己的口味。因为他们总是和别人比较，想要战胜并超越其他人，但现实是自己没有足够的能力与看重的对象相抗衡。他们不满意的不是自己的需要没有得到满足，而是别人拥有的比自己更多。如此，奢望越多就越受这种心理的搅扰，自己轻视自己，小瞧自己已经取得的大成就。这就好像癌细胞一样，不断蚕食着本该宁静的心灵。

现在是时候对自己说出：“我所拥有的东西，只要能够保证家人和我自己活得有尊严、有保障，就足够了。其他人拥有的财富和权力，不管多少，都与我无关，我也没有兴趣关注。‘谁的财富更多？’‘谁的权力更大？’这种问题是一种不幸的桎梏，会把人囚禁起来。自己的人生目标不是把别人的当做自己的，也不是和别人的进行比较。

人们表面上狂热的追求房子、汽车、珠宝、电器、股票等物质，实际上是在追求一个虚幻的目标，以此作为侵略和报复的"武器"。

"对待成功，应该有正确的态度。成功是一个不断成长的过程，在这个过程中，我们逐步实现自己的抱负，获得成就。这种成就是切实存在的，并不是那些自欺欺人的虚荣玩意，或是某些用来炫耀的物品。我们不能不切合实际，人在用金钱衡量自己成就的同时，也要用人文的标尺等更加高尚的标准，来量度自己。"

只要我们能够实践上述忠告，就会逐渐步入正轨，避免在物欲横流的世界中迷失自己，误入歧途。就像诗人们从不为自己的诗歌能否超越莎士比亚而惶惶不安；音乐家们也从来不为自己的作品是否具有巴赫乐曲的魅力而否定自己。这样的人懂得接纳自己，为自己的成长和成熟而快乐，不因为不如他人就毁笔焚琴，埋没自己的才华。

心理学可以帮助宗教更好地消除人们对物质的狂热，使人们降低对自己的过度要求。人们表面上狂热的追求房子、汽车、珠宝、电器、股票等物质，实际上是在追求一个虚幻的目标，以此作为侵略和报复的"武器"。只有摒弃这些执念，对事物保持谦逊的态度，才能获得真正的成就，实现内心的宁静。人们必须唤醒自己的智性和快乐，激发创造力投入自己的使命——回归内心的安宁之路，而非沉浸于童年的挫折里难以自拔。

如上所述种种，不得不说是我们对物质产生的焦虑心理在作祟。正如我们能够预见的那样，在战后的几年中会出现一段布衣蔬食、困苦潦倒的时期。在创建新家园的过程中，不论是男人还是女人光使蛮力而不用脑力可不行，要想重建被破坏了的生存之地，需要集合我们所有人的才能以及天赋才能够做到。生活在社会中的每一个人，他们的工作和尊严都应该得到相应的保证。饥饿和失业的普遍存在，再加上个人的地位和生活缺乏起码的保障，才是毁灭人类社会的可怕敌人。经济上的普遍恐惧很容易造成社会的动荡，而社会动荡的后果不亚于战争带来的灾难。我相信，一个具足良知的民主社会即将到来，人类通过自身的不懈努力不仅在健康方面得享保障（有适当的养老保险和失业保险），更在解决老年人的实际需要和现实困难上有所助益。到那时，疾病与功能性衰竭这样的难题亦能被攻克，更别说消除人们心里对经济诸多方面的恐惧和忧虑了。

第五节
形而上的恐惧

在这章的结尾，让我们借助于宗教来了解人们形而上的恐惧。在漫长的人类历史中，人们敏锐的天赋促使自己害怕面对死亡和被他人漠视。我们不能否认，在生命的某个时刻，人难免会感到孤独，会叹息生命的脆弱，更会恐惧生命的无常。然而，对短暂生命和易逝年华的思考可以加深我们对自己本真的认识。

历史悠久且覆盖面相对广泛的犹太教和基督教等宗教，能够传授我们有关神的知识，让我们知道自己和神在根源上是有联系的，无须担心我们离开这个世界后将没有归宿，也不用思虑前途未卜的未来。神赐予了我们力量，靠着这种强大的动力，我们就已经能够在地球上立足，过上体面而富足的生活。毫无疑问，神还会赐予我们能够继续应对其他挑战的新力量，让我们得以依靠这种力量来满足种种切身需求，及追求理想中幸福和快乐的生活。请记得，不管在什么时候，都会有永恒的力量保护着我们。我们自由地呼吸、欢乐地奔跑、静静地思考，还有我们天真地梦想，都得益于伟大之神的庇佑、浩瀚宇宙的养育，以及那深不可测的关爱始终都在眷顾

人生的真谛就在于“接受我们必须接受的，改变我们能够改变的”。

着我们。

在《缅甸日记》（*Burma Diary*）一书中，作者记述了如何去照料那些在战争中受袭的人。他觉得自己得对那些受害者说点什么，希望在缓解和抚慰他们的心灵上提供些许帮助。他说：“‘神会保佑你们的。’……我是说，神让我们免于邪恶的终极伤害，但所谓终极绝不意味着指向死亡，还有我们未曾发觉的其他深义。如果我们在轰炸中遇难……请不要认为这是因为神没有办法保护我们。神对我们的庇佑，正是体现在生与死之中，无论侥幸逃生还是不幸丧命，我们都一直活在他仁慈的怀抱里……而缺乏关爱才是邪恶带来的最大伤害。如果我们的生活中没有爱，那么比起在爱中死亡，则更加不幸。即便我们现在还不能真正摆脱死亡，但只要神还关爱着我们，就肯定能摆脱诸恶的束缚。”

神永远不会抛弃自己的子民，我们永远都会在他的关怀下存在。即便我们对生与死的恐惧不断增长，也不要忘记这个世界确实还有值得我们信任的宽容、爱和可以依赖的关怀。

结语：

这就是部分关于恐惧与忧虑的真相。在一定范围内的恐惧及焦虑感对我们而言是可承受的正常范畴。而类似社会动荡不安、国际局势紧张、经济不景气、妻离子散，却是不受个人意愿而操控或是改变的。所以说，人生的真谛就在于“接受我们必须接受的，改变我们能够改变的”。

人生中的某些事情，诸如困难、悲伤、失败或损失等都需要我们默默忍耐。但是，在不断成长的过程中，我们渐渐懂得了恐惧其实是某种童年经历的变现重放。现在的我们已能够利用科学和宗教、物质和精神提供的丰富经验及宝贵资源，来驱散心中的阴霾，并认识到自己能力的局限性和人生的悲喜无常。此外，我们还能感受到自己的情感体验与他人没有太大分别，是一种普遍的存在罢了。

想要快速的战胜恐惧，并不一定非要清楚明白的弄懂它，我们也可凭借自身的信念去接受自己的感受，这亦不失为一种捷径。另外，通过努力去工作也可以战胜恐惧，因为工作能够带走一部分我们的愤怒和烦恼，还能避免我们陷入自暴自弃、自以为是等情绪的困扰，它给了我们存在的尊严，以及与所有人一起共同打造一个富足、繁荣、稳定、自由的社会的际遇。

最后，我们还可以依靠自己的信仰来战胜恐惧——对自己人生价值的信仰，对神的信仰。每个人都是一块珍贵的马赛克图案，一切痛苦和奋斗都是值得的，因为神永远不会抛弃我们，它会把我们添加到那恢弘壮丽的宇宙画卷中好好珍视的。

第六章　悲伤使人睿智

人类的眼泪就是为了应对这些黑暗和悲伤时光而存在的。

第一节

死亡与忧伤的召见

古往今来的各种宗教，都试图倾其所能地为人们送上安慰和勇气，鼓励人们面对死亡。人必有一死，是生命循环往复的一种必然存在，且普遍发生在每一个人身上。宗教在对待这一人类无法归避的死亡命运时有着各种各样的方法：有时是让世人相信，生命终止后于彼岸的前景将依旧美好，你会乐于安享其间；有时是安慰那些丧失亲人的人，向他们保证在另一个世界你所深深怀念的人早已超越了自己的死亡，成为不朽的存在了。由此，现世生活中的许多不幸与失落就与神赐予的极乐生活形成了鲜明的对照。

几乎所有的宗教都有一整套发展成熟的丧葬圣典（包括圣礼、圣餐、仪式等等），将神圣而庄严的光辉洒向暂别尘世的生命。教堂和教会，会在那些令人痛苦的时刻举行一种叫做“安魂”的仪式，用来指引灵魂度过死亡之谷。这种仪式往往持续好几个小时，气氛凝重而忧伤。典礼多以音乐和演讲的形式进行，唱诵礼拜赞歌、朗诵庄严肃穆的赞美诗，还有各式各样展现逝者贞德和上天恩惠的表演性节目。这些在人们去世时举行的宗教仪式，不管具体形式和内容如何变化，其目的都是一样的：一方面使亡灵能够安全地穿越隔离阴阳两界的死亡之海，到达彼岸，实现永生；另一方面为逝者的亲属们建造一座心灵的桥梁，指引他们走出痛不欲生的灵魂困境，重新开始幸福的生活。

就某种意义上而言，宗教在对待死亡问题上常给人一种异常悲壮的感觉。试图让逝者在历经人世的种种苦难和不幸之后，终能摆脱束缚，升华到一个被世人所忽略但却幸福美满的地方，成为更高级的存在、超越生命体验的存在、一种不朽的存在。而在另一方面，又教导世人，在亲友辞世的打击下，要坚强地重新投入生活，继续像往常一样，一边面对世间的烦恼、忧愁和痛苦，一边享受此间的快乐、欢愉与幸福。

也就是说，宗教像那些民间艺人那样，在玩着一种非常危险的平衡游戏，就像在悬崖峭壁上摇摇欲坠的断枝，又或是在高空中走钢丝的杂技演员，一边摇摇晃晃地往前走，一边还不忘抛接各种道具。教堂和教会出于探索人类终极奥秘的需要，而不得不用多少有几分矛盾的概念来做出适当的阐述，以便人类的生命价值能够充分地发挥出来。即：世间万物的生命都是短暂和脆弱的，但即便如此却也都有着各自独特的价值。他们必须去安慰逝者的亲人，不能让亲人们随之逝去。但是要想达到这一意图，有时也会出现这样一类偏激的情形：有些宗教认为人类本身有着太多的瑕疵，对这样的生命存在与否不以为然，这间接助长了世人的厌世情绪，对生命失去渴望。那些原本想从宗教这里寻求寄托的人，却越发悲观绝望，甚至萌生出病态的思想了。

自笔描摹出的死亡轮廓

不容置疑的是，看着至爱的亲人离开人世，这种极度悲伤痛苦的感情是很难去克制和消除的。历史上的诗人、小说家和哲学家，在描写死亡时的遣词造句都是那么的阴森可怕，令人倍感恐惧。当然，眼看命运的车轮碾断生命的丝线，不仅他们，所有人都会感到痛苦。文人墨客用其生动形象的文字来描述那些令人刻骨铭心的悲痛，于生离死别间诉说着命运的不公。文学作品中常常会出现这样的悲惨场景：幸福的恋人们在享受爱情带给他们的愉悦时，命运将无情的尖刀插进了他们的胸膛，脆弱的生命戛然而止。诗人将自己的眼泪滴落在作品中，使我们在品阅的同时也随之悲伤。我们感叹年轻生命的突然消逝，年迈的老人在步履蹒跚的勉强度日。

死亡——这宇宙中神秘又邪恶的力量，仿佛一瞬间就能把人充满活力与生机的精神掏空，像一堆没有生命的泥土或毫无感情的布料。这也许是诗人们想要表达内心对死亡无能为力、无法自主的一种反抗，也是我们为之附和的理由。相对的，正是出于这种愤怒，使我们看到了所有人其实都渴望热爱并珍惜着自己宝贵的生命。

在文学作品中，对死亡的描绘几乎无处不在。但值得注意的是，人们对抗死亡的形式是非常相似的，即人们选择用眼泪和持续的悲伤来反抗死亡，而不是去默默的忍耐、承受。(这种反抗不是直接与死亡对抗，正如我们所知，死亡虽然无处不在，却也无迹可寻。)

古代犹太作家、希腊作家和我们现代的诗人其实是一样的，虽然在描述方式和语言表达上存在些许的出入，但他们对死亡的认识和描述以及所要表达出的那种反抗之情确无本质差别。不管我们如何变着花样的去描绘、去刻画，可真当我们试图描写自身感情和思想的时候，却觉得可供选择的语言或技巧竟会如此雷同和匮乏：不是勇敢或懦弱，就是坦然面对或自暴自弃，再不然就是化悲痛为力量或终日悲泣。

当然，并非所有的宗教在试图解决死亡问题时都会采用相同的方式来

这种情感是应该发泄出来，还是应该压抑住呢？我们的悲伤应该用言语表达出来，还是应该往肚子里咽呢？对孩子们来说，是否应该让他们与悲伤隔绝？让他们直面生命的惨剧是否太残忍了呢？

对待。例如，东方的某些宗教一味追求生命的虚空超脱、沉迷于宿命的轮回，从而否定了自身价值和意义的存在。另有一些基督教的教派也在肯定人生和否定人生的教条中摇摆不定。在这一点上，犹太教传统内容的核心是，努力避免人们非常态的悲观厌世倾向，并指导其追随者们以清醒的角度去审视生命与死亡、平静地看待死亡在生命过程中的作用，让他们可以以乐观积极的人生态度继续活在这个并不完美的世界中。

宗教习惯用信仰或哲学的方式去看待死亡和忧伤，并试着通过演示一些关于永生的信条来为个人和社会带来安慰。但当信徒们面对失去至亲的痛苦时，他们需要的就不仅仅是某种精神信条了，而是需要找到一种能让他们既能安葬好亲人又能安慰好自己的方法，一种能够灵活处理悲伤情感的某种创见。贯穿人类历史，我们从未停止过尝试发展出适当调节情感、释放悲伤情绪的办法和技巧，却都没能遂愿。反倒是那些诗人和哲学家，间或着能够凭直觉感知到解决这个问题的大致方向。

发泄压抑下的悲伤

一般说来，现在人们在处理悲伤的问题上可供选择的方法虽然增多了，但仍存有一定程度的困惑。比如，这种情感是应该发泄出来，还是应该压抑住呢？我们的悲伤应该用言语表达出来，还是应该往肚子里咽呢？对孩子们来说，是否应该让他们与悲伤隔绝？让他们直面生命的惨剧是否太残忍了呢？这些问题都涉及到人类生活的一个至关重要的领域——如何面对永远离世的生命。

刚刚结束的世界大战把悲伤的消息送进了许多原本美满的家庭，有多少伤心人在终日悲泣痛苦着。由此，我们就更不能去回避这些问题，若是不知道如何去面对和适应失去亲人的痛苦，那么我们这一代人也就无法感知真正的幸福了。个人觉得，那些承受身体痛苦和精神折磨的人是无法仅凭一己之力去构建及获得幸福的。正如我们看到的那样（具众多研究所示），现在很多体质性疾病和心理失衡的根源在于人们过于沉浸在悲伤中不能自拔。

哈佛大学著名心理学家埃里克·林德曼（Erich Lindemann）博士是研究人类感情的顶尖级专家之一。可惜的是，这个领域被很多精神科医师所忽视，因为他们错把对性、仇恨和自卑等情结的存在当成主要研究课题，这明显歪曲了事实。林德曼博士在马萨诸塞州总医院从事临床工作时，曾诊治过成百上千因无法控制悲伤情绪而入院的病人。在治疗过程中，他主要致力于对常态和非常态的悲伤反应及其影响的研究工作，并在此过程中领悟了一些有着重大意义的新理论。

首先，他发现在一些病例中，人们在失去亲人之后往往会有几星期，甚至是几个月的时间沉浸于悲伤的情绪中。比较集中的反应是感到身体不适、持续疼痛、反复追忆死者生前的音容笑貌、对死者怀有强烈的歉疚感，严重者则失去了继续生活下去的勇气和希望，开始转而折磨自己，甚至改变其固有的行为习惯或生活模式。其实，几乎每个遭遇严重损失或者失去珍贵事物的人，基本上都会有这样的反应，只是程度不同罢了。如果失去至亲的人能够理解这只是一种短暂的正常情绪反应；能够勇敢面对自己的悲伤，去接受而不是逃避、去表达而不是去压制这种情感；去重新适应失去亲人的世界并且继续保持与他人交往互动的话，就算是找到了应对悲伤的真正方法，也还是无法因此消除那些在未来有可能出现的精神类疾病的隐患。

其次，他又发现，很多患者都在阻遏自己的悲伤情绪。一个直接的结果就是这么做的同时也抑制了对疾病的反应能力。不管如何压抑，它迟早会呈某种疾病的临床表现而再度出现：有些病人对整个世界充满敌意，时常无缘无故地大发脾气；还有些病人在失去亲人后始终情绪低落，结果患上了严重的忧郁症。他们没有意识到这其实与早前压制自己悲伤的行为有着密切的关系。据调查统计，每41个溃疡性结肠炎的患者中就有33个失去过重要的亲人，这类体质性病变或精神异常的病人要么悲观厌世，要么情绪过激（往往体现为有较强攻击性或持续性焦虑）。其实，只要心理学家能够帮助他们打开情感的阀门，使其负面情绪适度地宣泄出来，将那些阻碍表达悲伤情绪的障碍移除掉，就能使那些不健全的悲伤反应回归正常，使病患慢慢好转，直至痊愈了。

林德曼博士杰出的研究工作揭示出，许多精神性疾病和体质性疾病的成因，多可以追溯到失去亲人的那段经历。无论是正在发生的事情，还是尘封已久的记忆，所带来的伤痛都是一样的。现在，专业的心理医生会帮助我们找回内心的安宁，顺从医师的引导，通过再次回到那段令人难忘的时光将那些一直留存于心、秘而未宣的痛苦和悲伤充分的宣泄出来，从过去的束缚中解放自己。如此，随着对过去创伤的理解与释怀，一个全新的世界便由衷地向你展开了。也就是说，心理学现在能够协助宗教一起抗击人世间的种种悲伤情绪。

对于死亡，我们已经没有什么新鲜的话题可讲了，但是在对待死亡的态度上，却仍有道不尽的叮咛。林德曼博士的临床调查涉及到有关悲伤的种种反应，因此我觉得这对宗教亦非常适用。诚然，他给我们提供的这些有关正常或非正常的悲伤案例是建立在专业医生的视角上的，而我们要从宗教体验及人类需求的角度去阐述和理解悲伤的情绪。

我们必须做出建立在事实根据上的归纳和概括，避免夸夸其谈。不同

有的时候，人们的确能在一定程度上适时的表达出自己的悲伤，但实际上却忽视了那是一种被自己坚强性格牢牢控制住的有限表达。

的人有着不同的气质与性情，有的人反应迟钝冷淡，这或许与其身体的健康状况密不可分；有的人过度敏感，可能会因一点小小的失望和挫折而倍感痛苦；有的人铁石心肠，而有的人又心软如绵。除此之外，人们在面临不同的境况时还会呈现出不同的态度，比如活泼可爱的小孩子或是朝气蓬勃的年轻人如果突然离世，将很容易让人产生悲伤的情愫；而当雪鬓霜鬟的老人去世了，人们的悲伤感就不会太过强烈，往往容易平静的接受。由此可见，面对不同类型的人，我们的情感反应也会随之变化。当然，这其中也不乏会有个别人感觉不到真正的悲伤。

有的时候，人们的确能在一定程度上适时的表达出自己的悲伤，但实际上却忽视了那是一种被自己坚强性格牢牢控制住的有限表达。在这种情况下，被克制住的部分就会缓慢渗透进一个人的内心，甚至左右着性格良性成长，这种伤害对我们而言未尝不是另一种形式的悲哀。

第二节
你的悲伤可以克服

让我们在这一部分先来分析一下典型的悲伤状态，并从中解析出几条应对悲伤和保持心灵健康的法则。当至亲的人离开时，人的内心首先会感到麻木和不平衡。随后，生命本身突然变得异常可怕，自己惯常遵循的生活模式似乎被打乱了，无以为凭。终于，世界像是瞬间跌入了寂静的荒漠，整个身灵都被悲伤、孤独和绝望所占据。在此情境中，是向这些痛苦的体验缴械投降，还是勇敢面对、设法克服它呢？

人们常有一种错觉，以为一旦把悲伤表现出来自己就会面临精神崩溃。然而事实恰恰相反，从没有过任何一人因表达出自己的真实情感而至精神崩溃，反倒是那些歪曲、掩盖甚至否认自身常态感情的人会招致精神世界的崩塌，延迟表达只是暂缓它的莅临罢了。真实的情况是，我们其实很坚强，完全能够经受住很多打击或挫折。现代社会留存的一些普遍观念，人们需要自我设防、对过度的负面情绪加以克制，以保护自己不受伤害。这种说法是何等的荒谬。压制宣泄、止于表达，只会埋下更多隐患，使心灵承受难以弥补的伤害。

你现在感到的痛苦正是疗伤的工具和途径。

法则一

在失去亲人时，应该把你实际感受到的悲伤情绪完全表达出来，这种表达是再正常的不过的事情了，不必担心自己会在此压力下崩溃。须了解，你现在感到的痛苦正是疗伤的工具和途径。除此之外，朋友们也能与你此刻的悲伤产生共鸣，他们的作用不应该是想方设法分散你的注意力，而应借机给人以安慰和鼓励，如去谈论你所遭受的打击、一起回忆死者生前的诸多美德，并适时地表达出自己非常理解和同情丧亲者的遭遇。像分散注意力这类方法等到了疗伤的后期才更适用。

法则二

人们必须学会让自己从追忆与死者共同经历的生活以及抱着遗物幻想的自困中解脱出来。例如，长期一起生活、一起工作的夫妻，他们分享过共同奋斗、合力经营的成功与失败，一直相濡以沫、同甘共苦，这会让他们把自己的希望建立在这种生活永远不会改变的假定之上。如果任何一方去世了，另一方必然会痛不欲生。死亡往往是突然发生的，虽然带走了亲人，却无法马上消除另一个人的记忆以及某种期望。由此，活着的人仍犹自企盼自己的所爱有死而复生的可能，当然，这只能是种徒劳的幻象。如果活着的人能够勇敢接受并面对亲人去世所带来的忧虑和悲伤，那么这种不加躲闪和逃避的态度，就能够帮助他们实现精神的平衡，从而获得解脱。不要小看语言的作用，它能使人很快平静下来，直达心灵。丧失亲人的人能够从他人安慰的话语中获以治疗的力量，而通过向他人诉说自己的痛苦及所遭受的创伤，悲痛亦会减弱且不那么难以忍受了。

从更深的角度而言，我们总是生活在无数种社会关系中，渐渐成就了如今的自我。大家都知道，在愉悦的场景中，人们会感到快乐；遇到有智慧的人，会激发人们的创造力，愿意去学习、思考；当看到画家的优秀作品时，人们会随之体验到来自于艺术的美感或体悟其深含的真谛。我们每个人都像是一座含藏量丰富的矿山，里面有着宝贵的矿产，在等待着有识之人前来开采。

我们每个人都有着不同程度的潜能，只有合适如爱人、伙伴、战友这样的“矿工”，来勘察挖掘，才能把我们存于心灵中、藏之脑海的那些熠熠生辉的宝藏开发出来，变现成现实的才华及力量。然而，很多人在遭遇亲人过世时，都常犯这样一个错误：将自己心灵的大门紧锁，拒绝新的朋友和同事进入，并且变得郁郁寡欢，终日唉声叹气，没有新伙伴的陪伴与慰藉，决绝地封死了自己的藏宝地，那么只会使它慢慢荒废，徒留破败的蜘蛛网悬挂于各处。

如果把人生比作是一件乐器，比如钢琴，那么亲人与我们的共同经历就是在钢琴上演奏过的旋律。他们离去之后，虽然没有人能够用同样的方式再次演奏熟悉的曲目，但是却不必就此盖上琴盖尘封它。我们不必枯守琴键，在过去的人事纠葛里伤春悲秋，而应该给自己更多的机会往前迈进，和帮助我们一起弹奏新乐章的朋友一起肩并肩、手挽手地创造新的生活。这就是第二条法则，是的，如能将它运用到我们的实际生活中去，将不仅能够治愈生者的创伤，还能够告慰死者的在天之灵。

法则三

第三条法则我们可以做如下描述：当死亡带走了某位亲人，摧毁了某种重要的人际关系，人们有必要去寻找替代这种关系的人，用来全部或部分地修补这一关系以调整内心趋近失衡的状态。

例如，一个失去幼子的母亲，从未与孩子分开生活过，那么这场别离对她来说将是世间最凄入肝脾的悲伤、最摘胆剜心般的痛苦。而这样的悲剧发生之后，母子间的牵绊也就随之断裂了，要想将此爱的关系模式重新建立起来，就得或多或少地回到与过去相同或相似的情境中去，找到修复创伤的办法。那么怎样才能做到呢？我们可以鼓励这位母亲去从事一些与幼儿打交道的工作，比如去幼儿园上班，院长、同事、孩子、家长或是这种环境本身，都能够帮助她对新工作产生兴趣。接下来，再由牧师或是心理医生为其提供帮助和引导，将她在过去那种母子关系中所确定的行为模式转移到照顾园内众多孩子的工作中去。

需要注意的是，如果这个时候让这位母亲去领养一个孩子，我觉得是不明智的。将爱迅速转移到一个陌生人身上，会让她在无意识中觉得背叛了自己的亲生骨肉。那么，这个被收养的孩子也将成为这次错误抉择中的牺牲品。而如果她愿意为幼儿园的孩子们做点什么的话，那么，在工作中淡化她那尚未收回的爱心，才是明智之举。一段时间之后，当她最初的悲伤已经部分化解和治愈了，才能把她成熟的爱奉献给自己的新生儿或是领养的新生命。

上面这个例子更想要强调的是处理的过程，也就是说，应该在人们面临重大变故的时候逐步地遵循和实施。即这种失去和替代的过程，亦是发现一种新的行为模式的绝佳途径。

我们必须勇于面对自己的悲伤，不能坐等不治而愈的奇迹会兀自出现。而死去的亲人如果在天有灵也不愿看到我们空虚、抑郁、自我放任、孤影自怜的样子。因而，就像我们原本知道的那样，坚强勇敢地去面对现实，生活仍会像爱我们的人所期望的那样美好。

关于悲伤，据犹太典籍记载："当耶路撒冷的第二圣殿被夷为平地时；当众多以色列儿女死去时，犹太人哀哭在烈焰浓烟中倒塌的圣殿中，追悼自己逝去的亲人。随后，他们伤心过度，不吃不喝，开始退出自己的现实生活。"但是著名犹太拉比约书亚（Joshua ben Levi）却对他们说道："我亲爱的孩子们啊，我理解你们这无法规避的悲伤，但至哀毁骨立的程度就实不应该了。"为什么这么说呢？这位犹太圣贤是在劝导我们，人不应该总是沉湎于过去，更要着眼于将来，为未来的生活多做考虑。我们需要听从宗教的这一召唤，直到生命的结束。

我们必须将这些智慧牢记于心：当与我们甚为亲密的某个亲人去世了，或是那些经我们常年照料却仍难挽留住的至爱离去时，就需要我们重新寻找一个或几个渴望被关爱和照顾的人。对哪些需要帮助的人奉献自己的爱心，同样可以起到治疗的作用，缓解或治愈我们一度受伤的心灵。如果某天自己的儿子、兄弟或者丈夫在为争取自由的斗争中不幸牺牲了，那么我们就更应该化悲痛为力量，承接死者的遗愿，充当逝者的信使或代言人，向他们为之奋斗的目标进发，去实现那些他们未完成的心愿。他们活过、奋斗过、笑过、奉献过，他们的一切种种过往都促使我们乐意成为其未竟事业的继承人。

到目前为止我们已经看到，当有人蒙受了巨大的打击时，若能及时做出调整，那么他的余生也将会因此而受益无穷。一方面，我们应该去宣泄而非刻意压制自己的悲伤情绪；另一方面，可以依靠亲友来帮助自己恢复对生活的兴趣、找回熟悉的生活轨迹（类似以前惯常的行为模式），以代替被死亡打断和破坏的旧有模式。然而，我们也不得不承认，即便是这些替代的生活方式，若不通过自身的努力也是无法自然莅临的，吊唁者仍不可避免地需要度过一段孤单、空寂的日子，可能绝望至极，也可能对世间的一切提不起兴致。但即便如此也没有所谓的捷径，即使是正常状态下的悲伤，也无法立即就能重新适应，并恢复对生活的渴望。

到这里为止，已经谈论了保持精神健康的三条法则。这些法则主要适用于心智正常的人（在失去亲人之前是精神上健康且成熟的人），在他们处理亲缘关系时，能够很好的表现出自己的完整人格。而对于那些在情感上还不够成熟，或总是被难以决断、无法解决的人事所干扰的人来说，这些法则就很难适用了。若他们曾与死者有过某种扭曲的情感关系，那么要想帮助他们将异于常人的悲痛转化为正常的悲伤情绪就非常困难了。

例如，一个在平日里完全依赖于自己母亲的孩子，不难想象，如果有一天母亲不在了，他一定会不知所措，因为他从未想过要脱离这种依附关系，由此，这个打击对他而言将足以致命。尽管仍旧在呼吸，却不过是机械地重复着行尸走肉般的日子罢了。

由于亲人过世而悲痛欲绝，甚至因悲伤过度而死去，这即便在文学作品中也是非常罕见的。莎士比亚曾经这样说道："人死后……蛆虫啃噬了他们，却不是因为爱。"无数事例告诉我们，对至亲的爱尽管具有被动和依赖的特点，但悲伤过度却绝不是在维护成熟的情感关系。有些人的抑郁症状常年无法缓解，表面上这意味着他们对爱的强烈执著胜过对自己生命的珍视，殊不知，自甘受困于抑郁心理的牢笼本身就已经表明了这种爱只是一种假象，其本质是对逝者的过分依赖。如果这个人永远悲伤下去，不愿正视失去后的现实，也不去关注自己和他人的生活与事业，在他的世界里，再无其他的声音，只有独自悲泣的哀伤久久的回荡着。这恰恰说明了他还没有真正地成长为相对成熟独立的个体，一个人若是缺乏独立能力，那么他所谓的"爱"亦不过是一种无力的情感挣扎罢了。

我们也许很难在一开始时就相信，某些悲哀其实是一些人在为自己的痛苦、哀怨而伤怀，为生活中缺少了依靠或向导而深觉自己值得同情并为之悲泣。因此，对心理学家和宗教导师们而言，现在非常迫切的任务之一就是帮助这些尚不能自如处理亲缘关系的人，在失去挚爱之后能够用相对成熟的情感来摆脱昔日的依赖，慢慢过上正常独立的生活。

第三节

难于宣泄的负罪感

最近，我在读罗伯特·弗罗斯特（Robert Frost）的诗集《家葬》（*Home Burial*）时，看到了一个悲痛异常者的显著例证。诗中描写了一位黯然销魂的母亲，她拒绝接受面对自己的生活以及丈夫对她的爱，将自己的悲伤修成高高的神龛。她的丈夫一直试图打开妻子的心结，安抚其悲伤，苦苦哀求着她的妻子，重新生活：

让我替你分担悲伤……
觉得你如此悲伤有点过头。
虽然失去了第一个孩子，
但是为什么，
面对我们的爱，
你却依然毫不思量？

但这位妻子却非常固执，她拒绝放弃悲伤，并决定让自己的生活就这么沉浸在悲伤里。于是，她痛苦地回答道：

在我们看起来圣洁美好的爱中，竟然还掺杂着那么一点愤怒和敌意。

看那些朋友虚情假意的来送葬。
死者尚未入土，
他们的心却不知去向，
只顾着理解活着的人和在意的事。
世人太恶毒，
他们的悲伤根本不值一顾！
即便我能改变，
唉，我也不会，我绝对不会屈服！

在至亲去世之后，还存在一种精神焦虑的根源，这就是人们的负罪感，有时很难被人们察觉和承认。这种负罪感与对死者的某种敌意有着微妙的联系。人类的感情复杂多变，鲜少有人能够意识到，在我们看起来圣洁美好的爱中，竟然还掺杂着那么一点愤怒和敌意。然而，因受教育理念和宗教教义的影响较深，人们会不自觉地对自己这种正常的情绪感到羞愧。社会的陈规陋习使得有些人竭力掩盖其真实的想法，有人甚至终其一生都不敢承认对至亲带有仇恨或者反感，无意中做了伪君子。

例如，一个一直受教于传统道德戒律的女儿，认为自己必须去爱她的母亲，尽管母亲总是利用这一点让女儿完全听命于自己，像女佣或是奴仆一样为其服务，并接受她的独断专横及反复无常。而整个社会又何尝不是如此宣传的呢——尊重父母。这样一来，女儿便屈从于忠诚母亲的观点，觉得将自己的一部分奉献出来是很有必要的，更是一种终身的责任。她的母亲去世后，这个女儿被发现患有某种严重的精神疾病。从表面上看，我们倾向于认为她对母亲的死太过自责，始终歉疚于没能做得更好。但真正的病因是，长期以来，女儿在潜意识中积攒了大量被压抑的负面情绪，即对母亲的极度厌恶和反感。所以，她看似悲痛于母亲的离世，但伤感的另一部分却是她将永远无法对母亲宣泄出自己潜藏的诸多不满了。

他们从不敢承认自己的爱有时是自私的，更不相信它还会转而伤害自己。由此，在面临生死离别时，往往会将亲人的离去归咎于自己，过分地沉溺于病态的负罪感之中。

这个过程或多或少的在很多人身上都发生过，但绝大多数亲历者都看不到自己所维系的亲缘关系的真实性质。

从心理学的角度来讲，由于缺乏对自身心理的正确认识，使他们只能活在自欺的谎言之中，意识不到任何形式的爱都会掺杂类似愤怒、怨恨等元素，是由多种情感复合而成的存在。他们从不敢承认自己的爱有时是自私的，更不相信它还会转而伤害自己。由此，在面临生死离别时，往往会将亲人的离去归咎于自己，过分地沉溺于病态的负罪感之中。由于再也不能向逝去的亲人袒露自己的负面情绪了，所以他们只能把它交付给内在的自己去消化，将这些怨恨发泄到自己身上！久而久之必然会出现严重的心理问题。

对他人抱有不满情绪往往是无意识的，也是人的一种自然反应。然而，在社会大环境的影响教育下，使我们知道不该对死者的过失念念不忘，应褒奖他们的品德；逝者已矣，不可再去挑剔或指责其生前的诸多缺点，由此，那些尚未宣之于口的遗憾就更不可能表达出来了。当一个人因悲伤过度而陷入病态的时候，就很有可能沉浸在自我否定中，不断为过去与死者的争执或是无关紧要的小矛盾而自责。在这里，我们有理由去怀疑，所谓的悲伤和内疚可能只是表面现象，而让他们真正精神不安的原因正隐于表面之下：在父母或是爱人在世的时候，他们心里的某些厌恶和反叛的情绪一直都未被自己所承认，也未能被对方所了解，而是被一次次紧锁在心底了。

我们应该怎样帮助这类人消除这方面的心理疾患呢？

宗教为人们提供赎罪的方式来宣泄自己的负罪感，这是很明智的做法。信徒只要诚心赎罪，或做出贡献、或有适当的赎罪行为，那么，上帝将会宽恕他们无意为之的内心恶念，以及那些尚未在忏悔中坦白的行为。具体而言，即某位家庭成员去世以后，把他的部分遗产捐赠给慈善机构用以发展公益事业。通过为逝去的亲人多做善举，既能消除人们对亡者存有不敬念头的自责心理，又能起到一定的精神治疗作用。

现代心理学也提供了一种有效治疗这类病症的方法，即参与高强度的体育运动。这样做是有道理的，心理学家发现这种耗费体力的活动能把郁结的情绪引向实际的行为，有利于人们将内心自我指责、自我惩罚的部分情绪外放，这样就比在内心纠结、淤积要好得多。而在此基础上，接受了心理学指导的现代宗教，也应该及时去帮助那些受到悲伤折磨的人们认识到：每一种爱的体验中，都存在着一定程度的负面情绪（反感、仇视、愤怒、怨恨等等），即便是对自己深爱的父母、恋人、兄弟、姐妹和朋友亦会如此，那么压在我们心头的那些个负罪感也该是时候卸去了。就像经年累月笼罩在生命地平线上的乌云被阳光驱散殆尽一样，悲伤的人们亦能从深负罪恶感的心理中解脱出来，重获新生。

可以把心理学领域的各项发现归总为——我们应当向自己的朋友或同伴表达失去亲人的痛苦，将被抑制的悲伤适当的释放出来，才能慢慢走出抑郁的状态，重新回归生活。这不由得让我们回想起古代犹太教圣贤的智慧，他们曾敏锐的觉察到人性需求的真谛。只可惜，这些善知识早已被我们如今这个开放、富足的时代所遗忘了。

事实上，传统的犹太教早已设计出医治心灵创伤所需的全部方案了，这些议案对现代心理学的研究仍深具现实指导意义。不同的是，受时代所限，古代犹太人并没有等同于我们现在的较为完善化的科学研究体系，没有用于系统研究精神问题的各种设备及工具来做病例分析，当然也就对这套方案之所以产生效果的深层次原因不得而知了。

据《圣经》记载，亚伯拉罕、雅各布和大卫所表露出的悲伤是自然发生的，不带丝毫掩饰也不为之感到耻辱，而是一种问心无愧、毫无顾忌的表达。我们的先祖在举办丧葬仪式时，都是当众哭泣，公开穿戴丧服，为死者斋戒的，每每情绪激动时甚至会大力抓扯衣服。

在犹太拉比所著的文献中，记录着这样的话："哀悼期共分四个阶段。前三天用于哭泣和哀伤，即第一阶段；然后哀悼者在家赞颂死者生前的种种美德、功绩等一直到第7天，此第二阶段哀悼者应拒绝一切外出活动；另外，哀悼死者的丧服应为黑色，一直要穿到第30天，期间不能有任何个性化的装饰或打扮。如果去世的是自己的父母，那么直到年底前都必须放弃任何有娱乐性质的活动……"

葬礼结束之后，"七日丧期"开始了：这个阶段共有7天，哀悼者应该呆在屋内，坐在地上或凳子上阅读《约伯记》。他们所食的第一顿饭是由邻居来准备的，称为"安慰饭"。届时，所有的亲朋好友都会前来探望，言语交流中往往将内容局限在对死者过往功德的赞颂上。

古代犹太人就是通过这样的方式来表达悲伤的，他们抱头大哭，撕破衣物，反复朗诵《圣经》中的感人篇章，任凭泪水一次次打湿书页。这些行为都有助于释放悲伤情绪，它营造出一种并不让人感到羞愧的哀悼氛围，让人们不再遮掩自己的真实心情，而更愿意由衷地宣泄出来。此外，犹太拉比还规定，在死者家中的谈话主题应与死者相关联，以此来为家属提供一定的空间去表达他们的失落感，痛苦及悲伤。

在经典的伦理学著作《先贤的箴言》(*The Sayings of the Fathers*)中，伟大的拉比圣人西缅·本·以利亚撒 (Simeon ben Eleazar) 有着这样一则忠告："邻居失去的家人在没有入土为安之前，不应该去安慰他们……"此外还请注意，传统犹太教有一套严谨有序的关于逐步削减悲伤情绪的时间编排步骤，即前文所述的几个阶段——7天、30天及整年。

现代人多追求舒适和安逸，对全面深入生活和面对现实产生了十足的恐惧感。

从顺应人们内心感受的角度出发，传统犹太教的这种对待死亡的方式显然正是我们所需要的。但是，有些自由教派在处理这个问题时却不这么认为。我们现代人早已被周围的环境所同化，会为自己的情绪化而感到羞愧，也不愿去面对人生中带有悲伤色彩的那些残酷现实。如此一来，我们往往在处理自己的感情时显得颇不明智，不是压抑就是逃避。

现代某些自由拉比和自由党要员都以同样的方式误入了一个心理误区。他们在计划葬礼时，安排用成堆的鲜花撒满灵柩，再用绿草覆盖其上，虽然不过是黄土掩埋的一小块“栖息地”，但于众人却觉得安详而美好，仿佛死亡本身就是一种不真实地错觉而已。如此，仪式就以这样的方式抑制了人们伤心的泪水、激动难平的情绪以及那些众人认为“不体面”的场景。毫无疑问，这些精心的安排都是出于善意，为保留某些美好的念想，避免失去亲人的人伤感过度而毁及自身。同样，前来悼念的亲友团，也尽力通过各种方式来分散他们的注意力，比如挑起不同的话题，引导他们去关注谈话的内容而没有空暇时间沉浸在自己的悲伤思绪中，让伤痛完全占据心灵。

表面看来，这些做法似乎是有效的，但实际上却是建立在一种错误的假定之上，即必须保护失去至亲的人，不可以让他们自觉悲伤和绝望，这些负面情绪应该掩饰起来才对等等。而事实上，人们不应该放弃自己，认为在情感上的放纵是有害的，真情流露、坦诚表达并非一种见不得人的社会禁忌。可惜的是，这种方法是人们在整个20世纪中的集体情绪反映，也就是普遍对自己情感的怀疑和逃避心理。

现代人多追求舒适和安逸，对全面深入生活和面对现实产生了十足的恐惧感。我们生活在一个科技发达的时代，然而，新机器的发明也会带来新的问题，或许是使我们的肌肉退化、萎缩；同样是在这个时代，我们想避开不快乐，逃避痛苦的事物，却常常连同自己的情感也一并萎

痛苦的体验本身就是治疗心灵创伤的重要过程，而想方设法去躲避它，反而会使人陷入更加痛苦的深渊。归根结底，人类的眼泪就是为了应对这些黑暗和悲伤时光而存在的。没有必要对自己的悲伤感到羞愧，要知道表达悲伤对自己不会有什么坏处。

缩和丧失殆尽了。

西格蒙德·弗洛伊德曾在心理学领域上有过一项富有开创性的伟大发现：在生活中未能适当表达的情感，不会自行消失，反而会深深地潜藏在心底，等待着与心灵的各种冲突矛盾结合，伺机而发。最直接的后果是以身体或是心理疾病的形式表现出来，反击和报复人们自身。现在，很多人倾向于认为这种真实的情感生活仅适用于性冲动的范畴。但林德曼博士所做的关于处理悲伤情绪的实验表明，适度地表达出生活中每一个维度的感情是非常必要的，而那些压制自己情感的做法是多么的不明智，会让许多人因此而抑郁烦闷，行为或精神失常。

结语：

最新的心理学研究得出的结论是：人们应当毫无保留地表达丧亲之痛。如果我们确实感到难过，就大胆地把自己的感受表达出来，不必受社会习俗或传统观念的束缚而自我压抑。而另一方面，我们也不应该在不悲伤的时候还装作悲痛欲绝。（例如，当年迈的父亲或母亲因患绝症而离去时，我们就不会感到无法承受了，因为这在一定程度上使老人得到了解脱，不必再遭受太多病痛的折磨了。）除此之外，亲友很快就会出现在我们身旁，带给我们温暖的安慰，所以我们只需等待，不必急着去寻找。实际上，痛苦的体验本身就是治疗心灵创伤的重要过程，而想方设法去躲避它，反而会使人陷入更加痛苦的深渊。归根结底，人类的眼泪就是为了应对这些黑暗和悲伤时光而存在的。没有必要对自己的悲伤感到羞愧，要知道表达悲伤对自己不会有什么坏处。人们应该更加理智，勇于面对和谈论自己的不幸遭遇，通过与亲友的对话调整自身，我们完全可以修复自己那受创后千疮百孔的情感世界，重新构建自己的生活，掀开人生的崭新篇章。

是的，人们不应该拒绝他人的同情和安慰，也不应该回避在社会交往中感受到的鼓励和支持。当时光慢慢流逝，创伤开始愈合，人们应该对时间的治疗作用给予足够的耐心；还应该加强自己身心各方面的锻炼，并逐步意识到，在从悲伤通往幸福生活的道路上，还有很长的路要走。所以，如果想要把恢复身心健康的时间生硬地压缩减少，是非常可笑的，人终究不能对自己的期望和要求超越身心允许的范围，正所谓欲速则不达。恢复宁静生活总要经历很多阶段，这个过程往往具有普遍性，即无法忍受的痛苦期、难以自控的悲伤期、空虚的麻木期、拒绝他人安慰的逃避期。然后，在如同阳光般的爱心、友情的支持及社会力量的综合作用之下，这些负面情绪会慢慢淡化，人们将逐渐改变自己固有的行为模式，重新面对人生。

第四节

诚实地对待悲伤

如果对悲伤情绪处理不当的话，不仅成人的生活会变得扭曲，同样会影响到儿童。成年人普遍会回避与孩子一起面对死亡问题，这种做法所酿成的人间悲剧远远地超出了我们的想象，不幸的是，这种情况实在是太常见了。

例如，某个父亲去世了，抛下了自己的妻子和一个年幼的男孩。葬礼期间，小孩一直住在某个远方亲戚家，由于母亲和其他所有亲友都尽力隐瞒父亲去世的真相，使他对此毫无觉察。不仅如此，在接下来的日子里，他们对他父亲只字不提，即便提到，也会很快把话题岔开。众人的缄默不语，其实是想让这个孩子远离悲伤痛苦。“他还小，没有必要这么早就让他知道真相。”这种做法看似用心良苦，但对事实横加掩盖的过程本身就已经使这个孩子的情感发展造成了极大的扭曲和破坏。

这并非只是我的一种理论推测。在我最近接触的对若干病例的研究中，都毫无疑问地证明了这一点：对孩子不诚实地采取欺骗和隐瞒的做法是何等的危险，尤其是涉及到悲伤和死亡等重大问题上更是如此。

其中一个案例是这样的：有两个小男孩失去了他们的父亲，当时哥哥5岁，弟弟年仅4岁。他们的母亲是一个克己自律又腼腆的女人，在她的潜意识里认为公开表达情感是与社会行为规范相违背的。于是，在葬礼前就将两个孩子送到了他们的姑姑家。三个星期后，当两个孩子回到家里，发现父亲不见了，大家竟对此只字不提，即便被他们问起，也只是简单作答，总之就是父亲已经到了一个很远的地方，不要再继续追问下去了。对于父亲的突然失踪，孩子们显然不满意如此含糊的答复，于是开始胡乱猜想，最终得出了一个非常可怕的推论：是母亲杀害了父亲，并把尸体藏在了一个他们永远也找不到的地方。尽管他们从未向任何人公开透露过这种臆测，但也不表明它就会自然消失。在整个童年和青年阶段，兄弟俩人始终困扰于母亲是杀人凶手这一幻想出来的“事实”中。随着年龄的增长，这一想法逐渐升级为更深层次的恐惧：哥哥总觉得自己以后会变成杀人犯，而弟弟则经常幻想自己有一天将被人谋杀。才20岁出头的他们，恐惧症的症状就已经很明显了，必须进行长期的治疗和控制才有可能恢复。等到他们幼年的经历终于被发现是如今精神问题的病因时，两人才被治好。这个案例的根源还是得从大人善意的谎言说起，就是因为他们未能正确对待死亡并对孩子也隐瞒真相，才让孩子这么多年来一直蒙受恐惧的折磨。

最近我又遇到了一个更加悲惨、更能说明问题的病例。

一个17岁的姑娘因为严重的溃疡性结肠炎被送到了医院。但在接受检查的过程中，却没有发现任何引起疾病的生理原因。经由各科室会诊共议后得出的最终结论是，心理问题是诱发身体病变的主要原因。

后来，在调查中发现了这样一个故事：在这个小女孩3岁的时候，她的母亲因为小产而去世了。当时她非常崇拜自己的母亲，常常幻想自己就是她，喜欢模仿母亲去做所有的事情。在她母亲去世的时候，这个女孩也是立刻就被送到了其他地方。等到再次回来的时候，突然发现所有人都很悲伤，也再没有人提及她母亲的名字了。祖父母都对父亲很凶，就像对待一个犯人一样，有好几次，他们都在以为孩子听不到的时候称他是凶手。这样，小姑娘就成了夹在父亲和祖父母恶劣关系之间的牺牲品。她唯一知道的就是那个曾属于她的妈妈已经不在了，而且没有人会告诉自己她在什么地方，但就当时所听到的只言片语，再加上亲人们长久以来苦痛的眼神和愤怒的表情，她觉得自己的推想很可能是正确的，即她的母亲因为做了坏事而受到惩罚，这件不知是什么的坏事和肚子有关，所以她受到的惩罚就是肚子疼（胃痛）。

由此，这个才3岁的小女孩就像她想象中的母亲那样患上了严重的胃病。经过治疗，虽然身体上的病痛得以痊愈，但是在她的头脑中，却无论如何也无法再度拼凑起昔日那个完整的母亲的形象了，同时这也极大地影响着父女之间的正常关系，她想去爱他，但却无能为力，因为自从偷听到父亲是杀人犯这样让人恐惧的话以来，她的情感生活便早已彻底陷入混乱之中了。而后，这个刚刚步入青春期的小女孩，终于不堪忍受这种巨大的心理压力及由此逐渐恶化的身体病变，而早早的离开了人世。

那么在这种情况下，我们应该怎样做呢？母亲的意外身故，以及爷爷奶奶的悲伤和愤怒，都应该让父亲亲自告诉她。当然，在选择方式上应该根据孩子当下的理解程度来定。如果这个小女孩一直喜欢且信赖自己的父亲，那么作为一个合格的父亲也不必强忍悲伤，完全可以同女儿一起悼念共同失去的亲人，痛哭一场将情感发泄出来。这样做有利于在他们之间建立起一种相互关心、互相扶持的亲子关系，而孩子也会觉得自己依然拥有一个可以依赖的亲人，以及一份继续温暖着自己的爱。

即便是年幼的孩子，他们承受悲伤和痛苦的能力，也远远超过于承受欺骗和谎言的能力。

从这个案例中，人们应该清醒地认识到：即便是年幼的孩子，他们承受悲伤和痛苦的能力，也远远超过于承受欺骗和谎言的能力。如果成年人能够充分地认识到这一点，坦诚地告之真相，那么悲剧也就不会发生了。我们应该相信孩子有能力理解和接受身边所发生的事情，并对已知的真实情况做出积极地调整。

我知道这样的病例听起来可能让人觉得不可思议。一般而言，过去的痛苦会随着时间的流逝而被人们逐渐遗忘，最起码，也不会被才三五岁的孩子记忆十年甚至二十年之久，这实在难以理解。但这些案例就是最好的证明，同时也再次印证了弗洛伊德的观点，即童年时期经历的某些事情，恰恰会对人生产生决定性的影响，并很有可能造成心灵的巨大创伤。

不久前，我在担任教区拉比的时候，曾亲眼目睹了一个真实的故事：

一个7岁女孩儿的爷爷去世了，父亲因悲伤过度而一蹶不振，随后母亲将她送到了亲戚家里，没有留下只字片语。孩子觉得一定是家里出了什么事，因为这是她初次与父母分开生活，并且临行前她明显地感觉到父亲再也不像以前那样开心和快乐了。当我问起这个小姑娘的事情时，她的父母向我吐露了事情的原委。由于不知道这样做是否正确，希望征求我的意见："拉比啊，你知道我们这样做都是为了她好。她年纪太小了，还不能承受如此悲伤的事情。"我当时就告诉这对夫妇，他们的举动对孩子来说是非常不公平的。还建议他们应该马上把孩子接回家，直接告诉她爷爷去世的消息，父亲需要她的鼓励和帮助才能重新振作，忘却悲伤。她应该"像母亲那样"关心和安慰父亲。还好他们听了我的建议，立刻把孩子接了回来。孩子也特意要父亲坐在地板上陪她一起玩耍。在相互接近的情感体验中，父女的关系变得更加亲密了。事后，这对夫妇还了解到，在和他们分开之后，女儿认为自己被父母抛弃了，心情非常低落和孤独，整天胡思乱想。

孩子可以接受眼泪，却不能接受欺骗；可以忍受悲伤，却不能忍受背弃。不管男孩还是女孩，不管年龄大小，都应该受到公平和诚实的对待。

我这么讲，并不是说家长必须把所有的细节都转述给孩子，长篇大论地讲一些关于死亡的种种奥义。当我们需要告知孩子亲人离去的事实时，应该视孩子的理解水平、接受程度，并依据孩子当时的情绪状况来做出适当的调整，切不可超出他们能够承受的范围之外。若碰到怪诞的死亡事件或是逝者以非常恐怖的状态离去时，就没有必要让孩子知道了，这对他们来说绝对是一种难以负荷的惊吓。

虽然这种做法是正确的，但是人们常常有这样的错觉，认为孩子太小，没有能力经受悲伤和痛苦，所以无论发生了什么情况，大人都应该保护和照顾孩子不受任何现实世界的侵扰和伤害，这样做其实是大错特错的。正确的做法是让孩子们勇敢地面对现实。孩子可以接受眼泪，却不能接受欺骗；可以忍受悲伤，却不能忍受背弃。不管男孩还是女孩，不管年龄大小，都应该受到公平和诚实的对待。应该允许他们像与亲人一起分享家庭的幸福和快乐一样，也去分担家庭的悲伤与痛苦。孩子虽是弱小的生命，但却比看上去要坚强得多，他们不会因为流泪就受到伤害，更不会因为表达悲伤就前程尽毁。相反，在大人看似好意的安排下；在家人的排斥和隔离之下；在亲人的逃避、虚假、冷漠和欺骗之下，则更可能受到真正的伤害。

结语：

至此，我已经对大人和孩子都应该体验悲伤和表达悲伤这个话题做了非常详细的表述，因为探讨这一话题在现在这个时代非常重要。宗教一直致力于理解与认识各种人性中存在的问题，针对人们的悲伤经历亦早有真知：面对悲伤，人们应该说出自己的真实感受。而谎言就像是回力镖一样，自欺欺人的人迟早会自食其果。

不要对陈规陋俗表示忠诚，而应对你自己的真实情感保持忠诚，相信自己有力量去面对人生的动荡起伏、悲欢离合。

我们在科学上的调查以及对失去至亲的人们的研究，已经足以清楚地证明，如果对自己说谎，压制自己的悲伤情绪，把感情藏在心底秘而不宣，就是违背了这个真理，生活也会因此而陷入混乱。要想实现心灵的幸福与安宁，不仅需要我们对他人诚实，还需要对自己诚实。生活告诫我们："不要对陈规陋俗表示忠诚，而应对你自己的真实情感保持忠诚，相信自己有力量去面对人生的动荡起伏、悲欢离合。在与你交往的人群中，无论是老人还是孩子，你都应该真诚地对待他们。同时还要知道，尊重事实本身就有一种治疗心灵创伤的作用。现实世界的确会给我们带来伤害，但是它同样也会带给我们疗伤的灵药。不要带上虚伪的面具，更不要伪装自己来面对生活，要相信自己能够战胜悲伤、征服痛苦，幸福的活下去。"

有些人在残酷的战争中痛失亲人，对于他们来说，余生就像是剩下的半个面包。然而仅凭余下的这点口粮继续生活的确需要我们付出更多的勇气，勇敢的"享用"它。即便是半个面包也远胜于那些发霉的面包，这半个面包没有变质、没有长满霉菌、没有异味，至少还能够满足我们的温饱，而不像那些再难食用的面包，散发出自怨自艾和自欺欺人的怪味道，让我们这些追求幸福生活和成功人生的人大倒胃口。

这与生物学的补偿特性很类似。假如人体的某个感官坏死了，不能再正常发挥功能，那么另一个感官就会异常发达，甚至更加敏锐强大，以弥补衰竭器官造成的不便。同理，当我们遭遇各种生活打击时，那些新的兴趣和新的友谊就会帮助我们脱离窘境。这就是神赐予人类的终极福祉——只要我们还活着，我们就有能力继续建立新的友谊，搭建新的人际关系。这种结交新友谊和新关系的能力人人都有，不计年龄，不论性别，只要一息尚存，就永远不会失去这个能力。它能够使你更加快乐、富足、有活力，使你拥有源源不断的能量去创造更加多姿多彩的人生。

没有品尝过伤痛的人生是不深刻且不完整的。如果真正做到了这些，许多心理上的疑难病症也就易于掌控了，曾经折磨着无数儿童及成人的情感失衡亦会平复。此外，宗教也能够凭借其自身丰富的经验来帮助现代人学会面对悲伤、超脱痛苦。“悲伤使人睿智”——在这条真理的指引下，由每个个人紧密结合成的家庭，就能翻越悲痛的崇山峻岭，抵达幸福和宁静的心灵港湾。

第七章　永生的暗示

因为死亡的存在，人生的一切价值观变得更有意义。死亡仿佛是一位导师，向我们展示了生命的脆弱和人类梦想的崇高。

除非人能够摆脱对死亡的恐惧，否则一生都无法自由。既然终不能幸免，就势必要慢慢习惯它的存在，学会与之坦然相处，继而克服自己的恐惧感。

第一节
光明与黑暗

很少有人能够无畏地面对人终有一死的现实。我们于人生的大道小路中艰难地跋涉，诚惶诚恐、担惊受怕地穿过蜿蜒崎岖的坎途，却未曾想到终点会是漆黑一片的悬崖，而死神业已在前方冷冷的召唤着我们了。正如芬兰诗人柯斯肯涅美（V. A. Koskenniemi）所说："除非人能够摆脱对死亡的恐惧，否则一生都无法自由。当然，即便我们不去思考死亡的问题，也并不代表就可以免于一死。恰恰相反，我们必须慢慢习惯它的存在，学会与之坦然相处，继而克服自己的恐惧感。做到这一点，我们就能从死神手中夺过它的武器，即死亡的陌生性——可怕的死神挥舞着这件武器左右着我们的一生。如果我们已做好了迎面死亡的准备，就等于为自由做好了准备，只有懂得了死亡的深刻含义，人类才可以挣脱枷锁，从生命的奴隶地位中解放出来……"

当我们思考一己之生死时，应该牢记科学所教会我们的知识，用它来看清关于死亡的过程。人的一生是短暂的，终有一天我们将会老去、归去，那又何必杞人忧天呢，没必要自己吓唬自己。现代临床医学之父威廉·奥

当你离开人世间后，时间将与你无关，就好像在你出生之前，世界上的时间也不属于你一样，和你没有任何关联。就像别人给你腾出位置让你来到世间一样，你也应该在最后时刻让出你的位子，像一个酒足饭饱的客人那样，与主人告别，离开筵席，回到本来的地方”。

斯勒（William Osler）医生曾经说过："大多数人都不会有像英雄一样英勇就义的机会，就我行医收集的大量临床资料来看，人们去世时往往毫无痛苦，心无恐惧。在人生的最后几个小时就像刚出生后的几个小时一样，脑中几乎一片空白，而占据精神世界的，不过是一些幻想出来的妖魔鬼怪罢了。"

针对这个阴暗的话题，蒙田也发表过智慧之言："大自然赐予了我们勇气。可是当我身体非常健康时，会比我感觉有病时更加害怕染病……死亡的道理也是一样的，总有一天你会明白这个道理……正如你所看到的那样，每一天都是同样的，与其他日子没有什么分别，因为光明和黑暗都是一样的。无需害怕死亡，因为它是我们的朋友。没有任何一个人会在大限到来之前过世。当你离开人世间后，时间将与你无关，就好像在你出生之前，世界上的时间也不属于你一样，和你没有任何关联。就像别人给你腾出位置让你来到世间一样，你也应该在最后时刻让出你的位子，像一个酒足饭饱的客人那样，与主人告别，离开筵席，回到本来的地方"。

时间就好像是借给我们的一面镜子，又像是交给我们临时保管的某种货物，目的无非是想告诉我们寸阴尺璧，积重难返，切勿虚掷时光，蹉跎自误。

第二节
死亡铺陈生命的舞台

人生的意义不在于你占有了多少东西，而在于你如何利用自己的有限生命。有些人虽然活到了100岁，但在别人眼中，他们的一生仿佛转瞬即逝，没有留下任何痕迹。因此，你既然毫无恐惧地来到人世，最后也应该勇敢地告别这个世界。你曾经从死迈向了生，最终也应该从生跃向死。仿佛在进行生命的接力赛一样，将你手中的火炬传递到其他人的手中。一个人的“死”就好比是与这个世界订下的一件礼物，而这件礼物是为这个世界的“生”所打造的。

我经常想，死与生其实不是不共戴天的敌人，而是知心好友。生命终将归于尘土，因此我们的人生岁月就显得尤为珍贵。的确，时间就好像是借给我们的一面镜子，又像是交给我们临时保管的某种货物，目的无非是想告诉我们寸阴尺璧，积重难返，切勿虚掷时光，蹉跎自误。

我们就像被允许在一个奇妙的公园里尽情玩耍一天的孩子。公园里鸟语花香，有各种游戏场所，湖面上水波荡漾，微风拂动的水面上点缀着几点白帆。这一天的游玩，对每个人来说都是不一样的，时间长短、苦乐感觉和回味程度因人而异。在这个地上的天堂里，有些人玩的时间要长一些，晴空万里的时间也多一些；而有些人尽情游玩的时间要短一点，乌云密布的时间要多一点，黄昏恍若冬天，莅临得更加迅速。到头来，不管我们的生命像夏日一样悠长，还是像冬日的午后般短暂，我们都清楚在这短暂的一天时间里，必定会出现狂风暴雨、电闪雷鸣，哪怕再湛蓝的天空，也可能会转眼乌云压顶。不过，即使出现这种情况，终究亦会有一束束不可阻挡的阳光，透过层层云雾，普照大地。虽然在这个人生的大公园中度过的一天，每个人的体验都不尽相同，但如果我们珍惜每分每秒，就能在这里尽享美好与欢乐。

对每个人来说，最后的时刻总会到来，死神这个“保育员”将会如期而至，牵住人的手，轻声说道：“该回家去啦，马上天就要黑了。大地的孩子，你应该上床了。走吧，你玩了一天已经累了，回去好好休息，在大自然悄然无声的温床里安稳躺下，沉沉地睡去吧。祝你做个好梦。白天已经过去了，你看到那悬挂于天穹上的璀璨星星了吗？灿烂的星光将永远守护着你。”

死亡的存在使得所有生命的价值变得更有意义。它仿佛是一位导师，向我们展示了生命的脆弱和人类梦想的崇高。我们越是年轻，越是不成熟，就越觉得难以接受凡夫俗子终有一死的现实。在我们为数众多的“叛逆”时刻里，还洋洋得意地认为，既然我们设计了这个世界，就等于已经为人类挖掘了一眼青春之泉，这晶莹的泉水会取之不竭，用之不尽。在它的滋润下，死神永远不会来到这里，也永远不会察觉生命终归有消逝的一天。自然，如果你仔细分析一下的话，就会发现这是根本未加思考，非常天真而幼稚的想法。其实，难道我们真的希望被永远绑在生命的车轮上，不知何时停歇，也永远无法挣脱束缚吗？难道我们真的愿意一生都疲于奔命吗？

难道我们真的渴望存活一千年甚至是上万年，永远要忍受人世变迁、社会动荡，而不能安稳长眠吗？

柏拉图曾明智地指出，在这个地球上，即使真的可以永生，人类也不会真心希望如此，因为永存只会带来一个万物的存有都显得毫无二致的世界，再没有强音和弱音，没有挑战和成功，只有一成不变的存在。活在这个世界里，人们会觉得无聊，慢慢厌倦单调的生命。美国作家路易·安特梅耶记录了一首海涅的诗，作者在临终前叹道：

永恒，意味着一成不变地存在下去，
我可不需要这样的永恒！
神啊，我祈求您，
就让我这样自然的死去吧。

从哲学深层意义的角度分析，如果普照大地的阳光终有一天去而之他，这其实是一件无法言说的好事。就像每到黄昏时分天气转凉，我们都会觉得神清气爽一样，劳累了一天之后终于可以安稳地休息了。假如世界上每个人都必须永远地活下去，逃也逃不掉，那我们的奋斗还有什么快感可言，我们的殷切期待又有什么意义，人生的酸甜苦辣顿时品之无味。我们生命中的奋斗和迫切的渴望之所以珍贵，就在于它们转瞬即逝，机会与选择并存，且永远处在变化之中。这是一条不辩自明的真理。

事实上，随着心智的成熟，我们会逐渐意识到大自然在设计万事万物之始就体现出了无穷的智慧。在生命的每一个阶段里，都分布着完美协调的能量，丝毫不差。当生命几近结束时，我们的热情和能量也会随之减弱，到那时，逐渐老去的人看着暮色降临，心中亦会觉得舒适安稳。很明显，大自然不可能造出另一种像人类一样聪敏智慧的生物，也不可能允许人类像耸立的群山一样永垂不朽。宇宙中的万事万物都有其自己的价值，我们

生命之所以让人引以为豪，就在于我们可以亲身去感受人生百态。而人生的智慧就在于，人类是非常敏感的动物，能够真心实意地去品味喜怒哀愁带给我们的种种体悟。

无法期许一个能够紧握脆弱而美好的爱或是感觉没有苦难的人生，唯一能做的就是去好好感受和珍爱生命的全部。

有些人凭借直觉就可以感知人类生命的脆弱性，认为与其徒然一生，被各种情绪、遭遇所累，还不如做个石头人，冷漠麻木、寡恩薄义，对世间万物都无动于衷的好。这种想法类似于某些教派所宣扬的那样：我们可以避免人世间的痛苦，方法就是出世，斩断尘世的一切情思，不要对任何人承诺，也不要表露任何爱欲情仇。“世间的万事万物，没有一样值得珍惜。”这种信仰被很多人当做是解除痛苦的良药，殊不知其药性猛烈，着实剧毒无比。

生命之所以让人引以为豪，就在于我们可以亲身去感受人生百态。而人生的智慧就在于，人类是非常敏感的动物，能够真心实意地去品味喜怒哀愁带给我们的种种体悟。所以，我们应该放开心胸，坦然接受痛苦与折磨等不可避免的事实，认识到我们和我们的所得，都是生命永恒价值的体现。人类在化学、物理和精神组织上精湛而复杂的构造，是上天给予我们最大的恩赐，使我们可以在世间尽情享受身而为人的乐趣。而岩石也好石块也罢，终归是死物，无情亦无义，虽然永垂不朽，历经千百年风雨洗刷仍可毫发无伤，但又有何乐趣可言呢？

当我们试图为自己创建一种能够诠释和理解死亡之必然性的普世哲学时，就会不自觉地渴望能够超越短暂的生命，继续存在下去。

第三节
存在即是永生

当我们试图为自己创建一种能够诠释和理解死亡之必然性的普世哲学时，就会不自觉地渴望能够超越短暂的生命，继续存在下去。即使像美国哲学家威廉·詹姆斯这样的现实主义者，尽管其早年对永生的话题并不感兴趣，却也在垂暮之时开始相信也许真的存在某种永存的可能。有人问他缘何转变想法了呢？他回答道："因为我觉得越来越适合活着"。几乎没有人不会这么想：天资聪颖、才华横溢的人如此之多，神不可能将生的大门永远向人类关闭，所以，一定存在着专为优秀的人而设立的永生国度，允许他们将在世间学到的才华带到另一个广阔的空间去施展，在那里，人们可以继续吟唱圣洁的赞美诗。

几千年来，人类从未真正见过有任何人能够从所谓永生的国度中再次回到尘世，所以这种对长生不老的渴望，也许只是对生的一种本能反应，是我们太留恋生命了。尽管如此，我们也不要轻易就否定哲学本身。一些哲学家认为：世界是具创造性的，所以在那我们连做梦都无法企及的领域里，生命的本质是有其存在的合理性的。人类虽然通过身体感官，能够自

当人们放弃了对小我的眷恋，转而向人类的整体进步表示忠诚时，就很可能会将人最无私、最为非凡的天赋才能淋漓尽致的展现出来。

然地感知这个世界，但仍存在很多肉眼看不到的东西（比如红外线和紫外线）。所以，在不断发展的宇宙空间中，在这个人类依然陌生的世界里，很可能隐藏着超出人类肉体感知的新天地，只是以我们现在的能力还无法企及这个领域而已。

历史上如柏拉图、康德、托尔斯泰这样伟大的思想家都认为，存在即是合理。大自然既然赋予了人类高贵的心灵，就绝不可能轻易收回。人的灵魂不应该只是一个跑龙套的演员，在时空的宏大舞台上匆匆念几句简短的台词，就退场离去。神，作为出色的剧作家，肯定不会写出这样差劲的剧本：以华丽壮美的地球为背景，而后造就万物，做出种种铺垫，结果身为主人公的人类一上台，就只有短短几秒钟（代表着人的一生）的戏份，甚至没能说上一句完整的台词，就得草草退场了。

这些思想家认为，我们在地球上的丰富生活只不过是刚刚拉开的序幕，为人类将来在其他可能存在的空间里继续存有而做出的铺垫。一方面，从理性角度来考虑，的确有这种可能性；另一方面，我们的道德意识在不断地对我们呼喊，要不断追求自由、爱，以及为正义而奋斗。因此，人类心灵渴望能够看到某种形式的永恒结局，需要一个无限延展的舞台来演绎人生的全部体验，包括那些我们需要遇到的各种困惑与不公，只有这样才能在接下来的演出中有机会与人生的诸多矛盾和解并最终完善自身，从而成就一部完整的、没有遗憾的、尽善尽美的剧作。

不管你是否同意生命在死后仍然继续存在这个观点，我们都必须牢记，在广袤的宇宙中，除了我们人类这种生命体之外，还有其他形式的不朽存在。当人们从希冀个人的永生，转变成使整个人类都获得不朽力量的探索时；当人们放弃了对小我的眷恋，转而向人类的整体进步表示忠诚时，就很可能会将人最无私、最为非凡的天赋才能淋漓尽致的展现出来。在这个过程中，人们便可超越自我，每一个生命个体的存在将是人类发展中不可或缺的一部分，意义非凡。奇怪的是，对人类整体的永生越是关心，我们个人的生活就会变得更加丰富多彩。当我们把自己与英雄、圣贤和视死如归的殉道者联系起来；当我们把自己与世上不分种族、不分地域的诗人和哲学家联系起来，我们也就成为这出场面宏大、情节生动的戏剧中的一分子了。

沿着千古之路行走，我们会发现自己并不孤单，有许许多多志同道合的朋友已经走在与我们相同的路上了。他们所创造的奇迹即是我们智力的奇迹，我们能够跨越空间、忽略时间，用自己的想象力与所有文明和文化的主建者们建立链接，与他们并肩前行。人类几千年的智慧积淀，使我们可以吸收古今圣贤的思想与追求、秉承他们的信念，当与这些最动人的乐章交融在一起的时刻，我们就被赋予了永生。

然而，那些唯愿逗留在自己所处世纪中的人真是穷困可怜啊。他们的生活空洞乏味，毫无实质，任凭时光消磨、耗损宝贵的生命。他们生前未能给这个世界创造任何有价值的东西，死后亦没有什么会随着他的离开而去。相反，那些通过爱和文化的纽带将自己和人类宝贵的文明联系在一起的人，才真正活得富足。

历史上，只有少数的天才能够因创造出令人难忘的作品而成为不朽的存在。我们所能感知到的这种永恒，可能是源自一首恢弘之歌、一幅传世之画，或是一个口口相传的故事。然而，我们中的大多数人，平凡而普通，只能用有限的才智为世界的进步贡献自己卑微的力量。但正是这些微不足道的点点积累，才是构建世界文明不可或缺的要件。

而我们的永生还具体体现在我们的孩子，以及孩子的孩子身上。当然，我们不是能够塑造流芳百世的作品的雕塑家，然而，我们其实都有铸造自己的精神生活，以及影响子孙后代命运的无限“特权”（我们常常荒谬地认为这种能力是我们天生就有的）。你看那些以我们为榜样勤恳生活的人，那些以我们的精神火焰为指引勇往向前的后人——这正是我们生活的意义，我们永生的方式。

时至今日，我们更加需要克服对死亡的恐惧和悲伤，将思想提升至对死亡命运思索的高度上来。在战乱的年代，死亡和悲痛是一种惯常的直接体验。那个时候，在许多国家，死亡是如此令人厌恶，令无数人的生活痛苦不堪，人们很难保持理智和平衡的心态。出于某种原因，现在，数百万的美国人已迁移到远离战乱、屠杀的地方去生活了，尽管他们把这种行为看做是一种道德使然，但却不难看出，他们其实是缺乏直面死亡的勇气。然而，不管怎么样，如今他们恐怕已经下定决心要做个有责任在道德上保持清醒的守望者了。

第四节
活一次足矣

事实上，人类的真正悲剧是在我们有限的生命时光中，死亡并不以老死这一种形式来了结，而是一种时时刻刻的存在。很多人还未来得及点亮生命之光，获得尊严及自由就与世长辞了，再没有能够实现自我的时间和机会，没有感受幸福与希望的契机了。这是我们今天这个时代最不可饶恕的罪恶。人类上下几千年的文明中，曾有多少诗人、学者、圣贤和科学家的辛勤耕耘（包括手稿、乐曲和公式等），因其英年早逝而被掩埋，慢慢腐烂，再不为后人所知。无数天才在刚要放声高歌时便被扼杀掉脆弱的生命，这是整个人类的损失。

现代希伯来最伟大的诗人比阿里克（Bialik）就曾对这种英年早逝的悲剧发表过自己的看法。他将生命比作竖琴上的弦，静静地等待着有人轻抚弹奏。但有些琴弦恐怕永远也等不到这一刻了。就像许许多多的年轻人，尚未来得及谱曲，却已是时日无多了。命运有时就是这样残酷，我们谁也无从知晓死神何时降临，始终受困于达摩克利斯之剑[①]的威胁。现在，不安、压力和疾病正悄悄潜进我们的生活，然而，我们却仍未开发出更尖端的科技来屏蔽它们的威胁。

在这个危机四伏的世界，宗教和心理学已经可以携手为我们解开死亡之谜。如上所说，我们已经从中学会，在亲人去世时，如何去正视自己及他人的痛苦和悲伤；也知道了如何去面对自己的那些过往经历；还认识到我们不必害怕死亡，亦或是自己必然会消逝的这一现实。我们要满怀信心的活在当下，因为“永恒”早已充斥在每一个美好的明天。

而我们的生活，应该是每一天、每一年都充斥着美丽、高贵和温暖的兄弟情义。如今，世间遍布各色灾难、惨像，我们必须从心底散发出爱的氧气，让全世界的脆弱灵魂都能够自由呼吸。

宗教应该呼吁我们所有人去深化生活的质量，从而弥补生命短暂易逝的遗憾。正所谓人生苦短，我们应尽可能地用有限的生命成就更大的价值。所以，人与人之间要相互珍视，因为没有人清楚我们能够拥有彼此多久。在这个时代，铁石心肠、自私自利、冷酷无情，以及故意伤害他人的人，尤难宽恕。因为这些无形或有形的恶正在慢慢地削减或泯灭他人的生命。如果我们能够相互理解，互爱互助，提高生活的整体质量，那么纵使无法延长它又如何呢，我们不是已经活出了生命的意义了吗？

所有的人都应该拥有健全的心灵。犹太人自然而虔诚的宣称：“只此一生便已足矣”。在人生漫长的旅途上，我们可以相信有一个超越尘世的崇高存在，可以每晚在那神秘的怀抱中安然入睡——我们其实可以随时任由自己的思绪飘荡在所处的现世之外。人世间的大智慧，不在于摘下生前和

① 表示时刻存在的危险。源自古希腊传说：迪奥尼修斯国王请他的大臣达摩克利斯赴宴，命其坐在用一根马鬃悬挂的一把利剑下，故事本身意味着随时可能带来的危险。

人世间的大智慧，不在于摘下生前和死后的神秘面纱，也不在于探究人生之外的世界，而在于，如何用有限的一生尽情地生活、高尚地生活、多姿多彩地生活，即入世而活，且活在当下。当然，这是任何一个人都应当享有的生活。

死后的神秘面纱，也不在于探究人生之外的世界，而在于，如何用有限的一生尽情地生活、高尚地生活、多姿多彩地生活，即入世而活，且活在当下。当然，这是任何一个人都应当享有的生活。

今天，世界各地的父亲、母亲以及年轻的妻子们，仍旧记得那些由短暂生命谱写而成的世纪颂歌——捍卫人类自由的生命之歌。虽然这些乐曲尚停留在第一小节的创作中，但每每听来，仍是悲从心起，丝毫不减。但我们十分肯定，这些歌曲的歌唱者，年轻的飞行员、水兵、勇士，也就是那些为守卫人类文明而英勇就义的战士们，这些年轻的小伙子一定不希望看到任何人在自己以生命为代价换来的和平世界中长久地悲痛不已。他们的大无畏精神无时无刻不在提醒我们，几十年的光阴固然短暂，但于此一生中同样可以过得圆满而有意义。歌声未止，曲谱尚待完善，故而，他们的精神在今天仍然鞭策着我们去继承他们为之献出生命的光辉事业，这是我们对年轻生命的承诺，亦是对我们自身的挑战。

所有的人类语言中都有“结束”这个词，在英语中，结束有一个含义是finis，而另一个是telos。形容那些混沌一生、无所作为的生命的结束，我们往往用finis这个词（终结）。人这一生最悲惨的，莫过于没有任何能够为之奋斗的终极目标（telos）便灰飞烟灭，穷其一生都不曾向着任何伟大的目标进发。那些为了自由而战的人，在他们的意志中存在着一种坚定的信念，为实现自己目标，死而无憾。尽管他们已经令人心碎地离开了我们，这是多么的不公平。然而，除了深深地缅怀，我们也不要忘记“结束”亦能带给人们力量，生的力量。

我们必须努力在我们的悲痛之中，继续履行他们的“telos”（终极目标），创造一个完美的世界。在这个世界中，生命之歌在人生未完全成熟之前不会停止；在这个世界上，人们只需调整和适应正常的悲伤，而无需忍受突如其来的惨剧；在这个世界上，每个人都有机会去实现自己的人生目标；在这个世界上，死神将不再是一个残忍的强盗，在我们尚未见到人生正午的太阳之前便将我们从这个世界野蛮地拽走，他会在黄昏时分以朋友的形象出现，在漫长的一天即将过去、空气中仍然回荡着赞美幸福人生的歌声时，温柔地拉住我们的手，带领我们慢慢踏上回家的路。

第八章　神啊！你深深地吸引了我

人们相信有一位仁慈的神，他乐意与人类合作，不强迫人类卑躬屈膝、言听计从，要人类成为平等的伙伴。

第一节

万心归主，寰宇太平

“心从汝愿，天地安宁。”但丁曾在《神曲·天堂篇》中放声疾呼，在神的宝座前虔诚匍匐。这种呼喊最早并不是由但丁发出的，也绝不会终止于《神曲》。自上古以来，人类智慧的核心认知就是所有的平和均始于神，若要寻觅安宁，必须要找到神。贯穿人类的全部历史，诗人、哲学家、玄学家都和普通的信徒一样咏唱着不朽的圣歌：“万心归主，寰宇太平。”

灵魂在无尽的宇宙中，在圣爱的观照下，找到了永恒的栖身之地，是多么的幸运啊！比起闪闪发光的宝藏，我们更希望知道人类是神的一部分，神的强大意志就像汪洋大海，包容着、支持着每一滴水。那些拥有这种“回家的感觉”的人，会在人生的大道上，行之坦然，自在宁静。

但是，今天任何一位神父或心理医生都察觉到，现代男女不愿肯定神的存在者甚多。即使他们真的相信，对神的理解也极其幼稚，无法在现代社会巨大的压力或危机中站得住脚。这种脆弱的、有近乎无的信仰是当代人自我压抑、内心煎熬的根源所在。一位病人曾向我吐露：“如果我对一个

如果我对一个朋友失去了信心，如果一个单位再也不需要我，又或是太太背叛了我，总还可以找到更合适的人，或是换个新的环境。但如果我失去了对神的信奉，就像我现在这样，那么我的灵魂又该于何时寄托于何地呢?

朋友失去了信心，如果一个单位再也不需要我，又或是太太背叛了我，总还可以找到更合适的人，或是换个新的环境。但如果我失去了对神的信奉，就像我现在这样，那么我的灵魂又该于何时寄托于何地呢？”

我和我的很多同事一样，希望拯救那些迷茫的非信徒的灵魂出离黑暗之地，我试图通过理性的诉说使他们恢复往日的信心，让他们的灵魂趋于平和。但事与愿违，我总是被他们毫不讲理、没有逻辑的思维所打败。由此，我逐渐意识到理性的辩论在有些人身上是完全不起作用的，因为单凭文字不会、也无法触及问题的根源所在。

有时他们的论点也会涂上一层逻辑的色彩。他们会列出危害人类生存的恐怖事件，如核辐射、肆虐全球的瘟疫和贫困等，然后问道：“如果神是存在的，他为何不让这些数量庞大，不断蔓延的邪恶止息呢？”这个问题的确比较现实，我在后面会有详细的解释。但现在我希望指出，这类论点仅仅是一类心里矛盾、不满和报复欲强的人的内心投射反映在广大宇宙中的产物。

第二节
无信仰者

无信仰者，说到底就是没有能力做到兼收并蓄，承认并与世间万物和谐共生，其本质是自我否定，拒绝接受生命存在的含义。他们的信条只是对真理的简化或是歪曲，“我衷心相信这个世界是由恒星爆炸而偶然产生的，它充满了恐怖和死亡；我衷心相信人类是动物，偶然得到了超越动物王国中其他物种的另类特性，所以，少来说服我世界上存在着一个超越万物的神，正以他的仁爱守护着我！”

这种黑暗的信条与宗教的世界观形成了鲜明对比，宗教在本质上认为宇宙是友爱的；人类是值得信赖的；神是存在的。有一些人可能纯粹通过自己理性的逻辑推理形成了反宗教立场，但我本人从未遇到过这类人。无信仰者和悲观主义者虽然也有自己的一套理性论据，但它们却往往缺乏根基，多是建立在人幼年时期的情感冲突或是破碎的人际关系之上的不成熟论调。

他们本身或许还未意识到这一点，反而竭力阻止别人从心理学的角度去解释他的信条。但事实就是如此：年幼时，毫无保留、全心全意地信任父母。但在他形成人生观的那关键几年中；在他生命中某个关键的领域，父母的所作所为让他甚为失望，这对他来说是种灾难性地打击。因此在潜意识中，他谴责他们的不可靠及不忠诚。而这发生在早年的痛苦经历，又在其心里生根发芽，直至扩展成“没有任何事物是可信的，都会背弃于我。”我相信，大部分人对人生的怀疑、对人性的不信任、对神的否定等等，都源于其早前经历的情感冲突，远在他们接触哲学、科学课程之前就发生了。

不信任的类型一：

空虚常出现在一些我们未能及时发现的领域，奇怪的是，它是如此真实的存在着。出于某种原因，一些不信神者总能找到支持自己个人论点的引证，比如，我最近就接待了一名男子，他自豪地用达尔文和海克尔（Haeckel）的学术理论来证明自己是标准的无信仰者。他对生存斗争非常痴迷，生命在他看来就像是“尖牙利爪”，是“优胜劣汰”。简短的质疑后，我了解到了以下事实：

他出生在一个大家庭，是家中的小儿子，原本家境富裕，但渐渐败落于父亲之手。他的父亲在外软弱无能，在家却是控制欲极强的人，终日酗酒，喜怒无常，对家人非打即骂。在这个可怜的家庭中，对他和兄弟们而言，常常连面包都吃不上，只能艰难地维持生存，所以，即便是那如同面包般时有时无的关爱也是不敢奢望的。

长大后，这个特殊的男孩上了一所教会学校，终日受训于：神的爱，会守护一切生命，连一只小小麻雀的死亡都看在眼中。不难看出，一方面他终日忍受现实中父亲的折磨，而另一方面又被灌输天父的仁爱慈祥，这种反差太过鲜明，以至于永久地歪曲了孩子幼小而尚未成熟的心灵。所以，很快地他就学会对所谓仁慈天父的“神话”嗤之以鼻了。加之其长大后又阅读了大量强调残酷生存斗争的书籍，更使得他对神的嘲讽越发的变本加厉了。

这位男子最终成长成一个铁石心肠的人，总是试图报复他身边的人。正因为他的冷酷无情，使他赚到了大笔财富，加之缺乏信仰之力，他的生活始终因自我满足而一帆风顺。直到有一天，一场突如其来的情感危机打碎了他坚硬的外壳。他为自己贫瘠的人生感到恐惧与沮丧，来到我这里寻求帮助。他说：“我无法从任何事物中找到爱或是价值，做什么都没有意义，因为世界本就没有爱，也没有意义。”

于是，我把他的问题指给他看，他把自己幼年生活中的那段不幸经历笼统的概括成了一个具有代表性的经验。即拿一个非典型的罪恶（父亲）来以偏概全地看待整个世界，从来没有给自己任何机会来观察人性的善与世界的爱。我让他看到，他之所以抛弃神，只是因为他对自己的父亲充满了可以理解的失望，并将此怨恨转移到了神的身上。

不信任的类型二：

另一类型的无信仰者，他们之所以缺乏信仰是源于没有处理好青少年时期的叛逆心理，慢慢地，这种心理就转化成了对世界持敌视态度的模式。奇怪的是，这一类人通常待人都非常温柔友善。

我有一次接待了一位35岁的英俊男子，他曾经并正在积极参与多个激进的社会群体与组织，将自己的精力全部奉献其中，却发觉这些追求并不能给他的心灵带来原本期望的那种宁静。于是，他对自己、对人生都充满了强烈的失落感，在绝望之际决定孤注一掷，就找到了我。但即便如此他还是对这次来访心存介虑。“尝试着为我做些什么吧”他挑衅般的说。谈话很顺利，第一次交谈就取得了实质性进展。他一生中许多关键的经历慢慢地呈现在我眼前：

童年时他曾有一个温暖的家，与父母相处融洽，而且父母也非常爱他。但进入青春期后，他自身迅速成长的男性气概渴望在家拥有更多的权利与父母不能放宽这些权限产生了冲突。矛盾不可避免地爆发了，他因此否定父母，继而否定社会和宗教信仰。当心中视父母为偶像般的存在从精神上移除时，神便也随之坠落。

他用了整整二十年来反抗现存的国家体制，但因为他本质上是一个友善的人，所以那些极端的行动并不能使他获得内心上的满足。不过，他终究是走了很长一段弯路，才逐渐意识到使其灵魂痛苦挣扎的根源并非来自于这些自己苦苦斗争的目标，不该因此而否定人生。值得庆幸的是，他现在虽然仍旧致力于激进的社会活动，但其动力已经不再是出于某种叛逆心理，而是扎根于对建设一个更加美好世界的成熟理解。（当我说出他的激进生涯始于青春期带来的内分泌紊乱，但在腺体发育成熟后，他的叛逆仍然持续了较长一段时间时，他竟然对我笑了。）如今，他不仅确认自己是现实世界中的一份子，更在他内心里形成的新世界中，共存着一个值得信赖、富有创造力的神。

在神秘主义诗人弗朗西斯·汤普森（Francis Thompson）的《天堂的激励》（*The Hound of Heaven*）中，神告诫道：“欺上帝者，众亦欺之。”一个信奉基督的神秘主义者是可以理解这种离弃感的，但我们如何对那些冷血的科学家们表达这一概念呢？如何让他们了解，在实验室里反复测量数据，对着试管和曲颈瓶研究，其实是为了克服他们内心的空虚和寂寞呢？

通常来讲，这种人是不会向宗教人士或心理医生寻求帮助的，他们高傲地认为自己对显而易见的物质世界了如指掌，不屑于研究无形的灵魂之说。不过，我最近在一次晚宴上却遇到了这类人中的一个典型代表。

不信任的类型三：

他表情严肃、言行规矩，一下子就能看出，他是一个和试管打交道的现实主义者，并为此而自豪。席间他充满优越感地、有条不紊地解释着最新的分子研究成果。因为我对这个话题有兴趣，晚宴后我们又进行了深入交谈。交谈期间，他非常清楚地表明自己是个彻头彻尾的不信神者。“我不想伤害您的感情，博士先生，”他说道，“可是，我确信宗教只是感情的狂欢，也许对弱者和懦夫来说是必需的，但对那些接受过科学训练的人来说却无法认同。”

我点了点头。这类人我也见得多了。他们的性格通常比较压抑，羞于表达自己的情感，且害怕完全敞开心扉。这些人转向投靠科学自诩的“控制”，而我这位朋友便是这类人的缩影。在接下来的几个月内，我通过非正式场合与他的会面中，慢慢地观察到使他情感僵化的潜在原因。

他应该是由叔父抚养成人的（他年幼时父亲便过世了），而他这位叔父是一位憎恨所有情感的新英格兰人，是早期加尔文宗[①]信徒的后裔，深信所有的快乐都是魔鬼诱惑凡人的诡计。他做事规规矩矩、一丝不苟、冷酷无情，鄙视一切感情，他成功地将自己锁在数字的冰冷世界中。至于对神的信仰，我的这位朋友也不清楚他的叔父是否存有真正的信仰（因为在公

---

① Calvinists，加尔文宗是以加尔文神学思想为依据的基督教新教主要宗派之一，又称为归正宗。其核心思想是预定论，即突出强调上帝的绝对主权，认为世界上万事万物的存在与变化皆为上帝的意志。

共场合一般对此避而不谈）。

很明显的，我们可以从这个案例中看到，这位科学家其实是对沉默寡言的叔父产生了一种绝对的英雄崇拜。由于自童年起便接受了这种过于僵化的教导，使他在成年后已经无法打破这种模式强加在他情感之川上的冰冻大坝，而只有在科学的庇佑中，在由中子和质子构成的无极世界里，他才能够寻觅到逃避所有情感的完美避风港。由此，对情感之说极度恐惧，这也促使了他与神绝缘，要永远承受心灵的空寂之苦。在我遇见他时，已经为时已晚，根本无法再深入他的内心，融化他心灵的冰山将他解脱出来了。

我在这里列举他的例子，仅仅是为了归总为数众多的此类人群——他们的观念是出于对爱的逃避、对情感的强烈恐惧，将本该宏伟壮丽、温暖舒心的人生紧锁在冰凉的实验室中，不仅如此，还把自己的缺陷奉为美德。但不管怎么说，即使他们再为此感到自豪和骄傲，也无法欺骗世人，不过是在掩耳盗铃，错失了发自内心人神之间的欢心喜乐。

结语：

这三类人只是一间宽广画廊中随机抽出的三幅画像。当这些人有一天发现（这一天迟早会到来）他们所自珍视的信条只是发源于童年对爱的缺失、青少年时期的内分泌失调或成年后对情感近乎歇斯底里的隐密的恐惧时，他们会感到多么震惊啊！很多类似的案例都能够追溯至这几种根源，不过这种心理分析无法涵盖由个人、社会等因素所组合而成的无限可能性，正是在这些因素相互交织的作用下，才在不知不觉中使得现代的男男女女否定人生，否认神的存在。

约书亚的号子吹倒了耶利哥的城墙[①]，而今天那些由科学和逻辑构成的似乎坚不可摧的壁垒，在心理学面前也会土崩瓦解。到那时，我们会看到躲在废墟中间的，并不是幸福而成熟的个体，而是一个个蜷缩成一团、充满矛盾、呜咽抽泣的孩童。

必须承认，有些相信自己是无神论者的人，是出于自己纯粹理性的考量。那些拥有自我牺牲精神且极富创造力的科学工作者，有时过于习惯以“客观”和“事实”的方式来看待世间万物，以至于觉得“神”这个词是不诚实的。从哲学上来讲，在已知的事实领域之外，他们反对一切包容万象的概括和描述，宁愿缄默也不妄言。他们对知识的渴求是如此的谦卑，以至于“神”这个概念的存在都会让他们感到万分沮丧。对他们而言，断言神的存在毫无道理，因为这种断言暗示着对无限“未知”的认知。

即使我们不赞同这些科学家的观点，也应该去理解他们，这类无神论者的确存在于某些道德感极强、全心全意为人类服务的人心中，他们对于宗教的观念并不是源自个人的某种情感缺陷，而是来自于真正意义上渴求知识的谦虚态度，以及对超出已知的事物所持有的谨慎心态。这种人实在非常值得我们尊敬。

① 出自《约书亚记》，是《旧约圣经》其中一卷，记录了以色列人由约书亚带领进入应许之地的过程。

第三节

不可知论者和无能的信徒

自我折磨还以一种微妙的形式在无数人的心中肆虐着，那就是不可知论的怀疑观。这类人的精英群体天赋异禀、智力超群，从事着最新的科学和哲学研究，痛苦地为“我怎样才能信仰神？”这个永恒的问题寻找着令人满意的答复。他们就像在但丁的《地狱》中受惩罚的灵魂，陷入各种意见和情感的漩涡中盘旋不已，又像是中世纪的忏悔者，无时无刻不在鞭笞着自己。

人们很难理解，为什么这些人既没有胆量直接拒绝神，也没有勇气完全接纳神的存在。

我们现在清楚了，这些人的痛苦可以追溯到性格形成的阶段——早期的行为和信仰之间的差距。有些家庭中言行和信仰相一致，这些家庭或许生活艰苦，然而在他们眼中，神是包容一切的；或者家长对孩子和蔼可亲，家长的宗教观也充满了爱。而在有些家庭中言行和信仰并不相通，父母虽然对孩子疼爱有加，但他们信仰的“神”却严厉狠毒。在这种环境中长大的孩子，通常要忍受某种精神分裂的折磨，这些受害者的信仰总是在爱与恐惧之间，像钟摆一样左右摇动。很多不可知论者和宗教观尚未成型的受害者之所以内心充满不确定性，是因为他们在童年早期成长的环境中，无意识地受到了父母的影响，即他们的生活与信仰之间存在矛盾，如：父亲言行举止是一回事，而他的宗教理念又是另一回事。他和蔼慈祥，却信仰可怕的“神”，或者正相反，他冷酷无情，却相信神是仁爱的。这种早期的环境二元性成为了酝酿着矛盾与痛苦的温床。

请注意，不仅疑神论和不可知论往往是孩童时代经验的产物，连有些形式的有神论也能通过人之初的经历来解释。健全的有神论和有缺陷的有神论、成熟的信仰和病态的信仰之间，也可谓天差地别。这个世界上不但存在着如鳄鱼的眼泪般的假仁假义，也同样存在着隐藏在祷告、仪式和华丽长袍之后的虚假虔诚。

宗教确实需要感谢心理学曝光幼稚信仰的真相——虚伪的幻象和感情的扭曲。为什么要感谢？因为扫除对神的幼稚信仰后，会为真正成熟信仰的茁壮成长铺平道路。

对很多保守的宗教人士来讲，心理学对某些宗教形态的分析是大逆不道的。这些人会指责我们将宗教意识简化为童年时期经历的残渣，扎根于幼年经历的受挫感或对父母所持的崇敬心态。

神秘主义者会说：“我可以直接面对神，我和神的交流不可言喻、无法分析。我对神的认识，就像我了解太阳和自己的呼吸一样，毫无障碍。我反对所有的心理学分析。”传统的宗教人士会认为：“我对神的认识来自于理性的思考和觉悟。神在西奈山用一成不变的永恒语言与人类交流，他创造了我们，他向我们呼唤，相对于小小的‘我’而言，神就是永世的存在，是超越现实的存在，不是人类头脑的概念，更不是我们心理体验或感情需求的投影。渺小的技术分析只会降低全能的神的身价，如果无神论可以用童年时的受挫感来解释，那对神的信仰难道不也可以同样用童年时的意识残留来解释吗？”

在众多案例中，这个问题的答案真的就是：“没错。”大千世界中，有数不尽的人尽管拥有坚定的宗教信念，但在本质上却都是幼稚、发育不良的信仰。我在工作中遇到过许多人，他们对神的理解非常片面。有一位女性在极度痛苦的状态下找到了我。她的儿子在战争中去世了，她向我哭诉道：“为什么这种事会发生在我身上？我一生都在积德行善，积极参加宗教活动，神为什么要这么对我？那么多年的祈祷全是白费！这就是我得到的回报吗？”

我很同情，也很理解她的这种在极度悲痛中做出的正常反应，但与此同时，我发现她对神的了解是非常幼稚的。她的那一席话等于是在说：“如果神不对我特殊观照，将死亡带离我的孩子的话，我就会撤回对他的信仰，再也不会对他顶礼膜拜。”在她眼中，如果神对她好，就值得信仰，如果神不理睬她天真的请求，她就将神拒之门外。

许多人会对神的信仰附加上众多条件。这是一种“如果……就……”式的命题（如果神对我好，我就会信仰他），这种信仰的前提就是，神要不停地为他们带来好处。

话说回来，每一位宗教领袖在他的教区内都有数不清的信徒拥有《青草地》[①]式的宗教观。在这些人眼中，神就像是一间烤鱼店的主厨，或一名随叫随到的服务生。很多人于《青草地》中对神的幼稚信仰和黑人简单的象征符号不以为然，但如果他们坦白地审视自己的信仰，就会发现，他们心

① Green Pastures，马克·康纳利1931年的戏剧，将《圣经·旧约》的故事搬到了新奥尔良黑人区重新演绎。

目中的神与康纳利笔下对那位象征着神的黑人的描述相差无几。

有些人会指出，我对宗教信仰的分析只不过是上述那种信仰的讽刺描述而已。我对这些人如此回复：“如果能够揭示一个原始的、人形的神与人类情感缺陷之间的关联，那么，对于真正的信仰难道不是有利的吗？怎么会是损失呢？如果能够在心理分析的酸液中溶解那些站不住脚的宗教信仰，难道不是有益的吗？有什么不好的呢？毕竟，人类在其一生中都无法亲眼见到真正的神，只能想象着一个父亲形态的神坐在天堂俯瞰世间。而对神的不健全信仰在人生余后的某些阶段，只能给人带来无尽的失落感，不再对神保有信仰。

第四节
神的法则

既然灵魂受到这些明显由多方面因素构成的“疾病”的折磨，那当代生活中还有没有一种健全、成熟的宗教观呢？答案非常肯定：有。世间万物都歌颂着神的灵性，只待人类洗耳恭听，让人类自己的灵魂同大千世界一起，在神圣的音符中舞动。

对那些渴望寻求内心平静的人来说，个体在漫长的精神旅途中所经历的事情可能是很有意思的，因为从中可以观察到人类文明在时代交替时发生的关于社会变迁的方方面面。现在，我很乐意谈论一下我的个人经历，虽然我自己的故事谈不上独一无二，但希望能够为那些迷茫的当代人提供一些旅途上的帮助。

我对宗教，以及对神的看法经历过好几个阶段：

孩提时代，神在我心中的形象没有什么不同之处：和我爷爷长得差不多，是一位高高坐在天堂里，俯瞰世间的家长式人物，胡子一大把且老态龙钟。后来，我去了神学院学习，在那里的几年间，我的精神曾一度饱受折磨，因为尽管花花世界充满了诱惑，但始终无法阻止我提出心底的疑问："神在哪里？神的本质是什么？"我现在终于意识到，我的青春期之所以如此痛苦，其实只是一种伪装，遮掩住了我内心中的不信任感，这说明当时的我还无法掌握自己的内心。不过我很清楚，那时对神存有的幼稚疑虑，对我精神的成长成熟是极其珍贵的经历。可以这么说，如果一位宗教导师没有品尝过这杯困惑的苦酒、没有曾经拒绝过神、没有陷入不可知论的陷阱、没有过对神诚惶诚恐的态度，那他永远无法向他人提供任何真正意义上的帮助。

在那几年中，有一段时间我曾经这样思考过：人作为人本身就能实现足够的意义，而终极答案便是人本主义。从传统意义上讲，犹太教一直非常重视人和人本主义的价值。但后来我慢慢清醒过来，只有人本主义是无法完整地解释人的。如果不将人看做是神的子民，就无法真正理解人的心灵及其丰富的创造力。我开始慢慢睁开眼睛，看到人类社会的史诗里描绘着生命全部的喜、怒、哀、乐，就像从一本书的中间撕掉了几页一样，缺头去尾，断不成文，成了无人能懂的天书。而所缺的内容正是关于对神的记载。人类文明迄今走过的艰难险阻，仅仅相当于宇宙十四行诗[①]中的一个短语，或者是永恒史诗中的一段文字罢了。如果我们看不到人的所思所想和良知只不过是神伟大的智慧和无穷创造力的反映，那么，我们便失去了破译密码的关键线索。人类在地球上谱写的生命乐章，便成为隐匿着的密码组合———大堆乱七八糟的杂音。

不过，某些顽固者才不会相信是神创造了世界。他们可能会承认，世界上的确存在着某些秩序或模式，也有一定的所谓章法，但他们会反驳宗教："你们难道没有看见腥风血雨的世界吗？你们怎能无视那些支离破碎的景象，不去看看被炸得满目疮痍的城市，还有那些杂草丛生的荒芜田野？在这样一个勾心斗角、疾病肆虐，罪恶和苦难横行的地狱般的世界中，你

① 十四行诗，又称为"商籁体"，是欧洲的一种格律严谨的抒情诗体。

们还能奢谈神的存在？”

千百年来，一直没有人能对这种质问做出令人满意的回答。这些问题就像一块盘石，挡在了我灵魂的旅途中，我自己的信仰就曾被它撞得头破血流。这个问题的根本在于：如果神是正直仁爱的，又怎么能允许邪恶和苦难在世界上肆虐呢？在纯粹的宗教圈子中，我一直没有办法找到问题的答案，我对神的信仰和心境的平和因此遭受了极大打击。我曾在如山般的宗教文献里埋头苦读，比如试图证明神存在的实证论、宇宙论和目的论等，但这些书籍只能给我带来些许慰藉。我也曾大量阅读亚里士多德、圣奥古斯丁、斐洛（Philo）、萨狄亚（Saadia）、笛卡儿、贝克莱、康德和黑格尔等哲学大师的著作，虽然他们用文字塑造的哲学之塔高耸入云，令我赞叹不已，但我却始终无法找到梦寐以求的答案。

直到近几年，我才开始瞥见一条通向神堂的途径。我那多年来受到谜团折磨的灵魂，终于在这条理性的道路上得到了安慰。一开始我是在记载着古希伯来人智慧的书籍中发现了这条道路的蛛丝马迹的。通过阅读，我渐渐得知，古代巴勒斯坦的众先知也曾因为同样的问题而百思不得其解。他们当时也坚信神是仁爱宽容的，但另一方面，神又像是严厉的卫道士，哪怕是对那些他最宠爱的人，也不会放宽标准。古代的先知曾经向犹太子民宣布：“神为这个世界制定了众多自然法则，希望你们能够遵守这些法则，维护至高无上的神谕。神同样还赋予了人类纯善的心灵与良知，希望你们能够不辜负那些善良者的内心呼唤。倘若你们冒犯了这些法则，神是不会将他一手创立的秩序打乱，来将你们从罪恶的惩罚中拯救出来的。”

全知全能亦有所限

这段话让我开始觉悟，渐渐明白了一条意义深远的成熟智慧，即神对

神对人来说并不是一个父亲式的职务，做孩子的可以去向父亲撒娇，让他改变为孩子制定的铁则。

人来说并不是一个父亲式的职务，做孩子的可以去向父亲撒娇，让他改变为孩子制定的铁则。古代犹太先知耶利米（Jeremiah）曾告诫耶路撒冷的人民："不要将自己看成神的宠儿，不要高傲地认为神会对自己以及他视如珍宝的城市抱有任何偏心。在神所观照的世界里，不会存在任何的偏袒行为。"我对耶利米的话非常理解，并逐渐明白古人是如何发现神的伟大之处的。很可惜，人们在安逸幸福的时代里并没有意识到这一点，等到真的觉悟时，亦悔之晚矣，犹太人的社会已经发生了巨变，被迫过着流离失所的生活。有些人可能想都不想就脱口而出：既然神对待犹太民族如此凶狠，让他们陷入如此惨痛的悲剧，那犹太人就不应该再信仰这个神了。

这个道理常常被人所忽视，但在这段极具讽刺性的历史中，神的深层含义总是若隐若现，让世人惊讶不已。就像是《圣经》中的先贤们，他们没能在胜利的喜悦时刻发现神定下的戒律，反而是在背井离乡的悲惨旅途中才对此有所觉悟，邪恶和苦难反而成为了精神开悟的源泉，犹如当头棒喝将他们打醒。

今天，当我们回顾历史就会发现同样的波折经历，很多人都由于无法经受苦难而抛弃了神，但犹太人的宗教先知却变得愈发成熟。为什么会有这种不同？因为他们已经超越了其原本对神的天真想法。当数以万计的犹太人愤恨地喊道"世界上根本没有神"时，正是这些先知、这些心灵上的巨人向大众布道说："神是绝对不会打破他立下的规矩，破坏他的道德准则的。神不是一位独裁的君主，可以被金钱和名利轻易收买，神绝对不会纵容侵犯人类文明准则的罪恶行为。"

通过对犹太先知的深入研究和思考，我彻底改变了对神的看法。有时候我们会听到有人说："神并非全知全能，神也有局限性。"这种说法哪怕不算严重的异端邪说，在大多数宗教人士眼中也是种逾越的言论。我们可

我心中相信，神，确实是受限制的——受到他所创造的世界的限制。换句话说就是，神创造了规则，并遵守规则。

能会大吃一惊，随即质问："神怎么可能会有局限性？如果神不是万能的，无法随心所欲，不受任何限制，那他就不是真正的神！"我对这种观点持不同态度。我心中相信，神，确实是受限制的——受到他所创造的世界的限制。换句话说就是，神创造了规则，并遵守规则。如果不是这样的话，那我只好放弃犹太教的信仰了。

大多数信徒都相信神是全知全能的，这种想法不但有误，而且过于天真，对神而言也是不公平的。不管是男是女，每个人的身上都保留着某种婴儿时期的记忆，我们隐约记得，小时候，家长似乎无所不能。每个孩子都曾经认为父母可以做任何事情，就像魔法师一样，稍微挥舞一下魔法棒，就能够随心所欲地改变任何事情。童年的经历让我们萌生出爸爸妈妈没有局限性，不受任何限制，也不会服从任何事物的幻觉。等我们长大以后才发现，他们并不是魔法师，也不是国王和皇后。对神的看法也是同样的道理，我们成长到足够成熟后才能觉悟，神也不是会魔法的巫师，无法念念咒语就心随己愿。对孩子来说，逐渐意识到父母也必须遵从规矩，服从约束，这个过程就是亲子关系渐渐成熟的标志。于宗教上来说，亦是如此。成熟就意味着我们应该舍弃曾经对神抱有的幼稚观念，理解当神在创造一个受到规则约束、井然有序的世界时，他会自愿放弃一些至高无上的权力。

这也是世界存在许多所谓"邪恶"事物的根本原因。拿水来说吧：神创造水的时候，赋予了水可以将船浮起来、推动水轮旋转等特性，这些特性都是对人类很有好处的，但与此相反，水能载舟亦能覆舟，水能服务于人亦会置人于死地，这也是水的特有本性。除水之外，其他所有的自然法则都遵循这一原理，神已经制定好了井然有序的世界规则。但是，正因为世界是规则化的产物，神亦会受限于此，无法为所欲为，更没有耍性子的可能。

上面我列出的是关于物质世界的例子，下面让我来说一下道德世界。

在道德的世界中，我们也可以很容易地建立起类似的链接。在神的恩赐下，水兼备善与恶的双重能力。同样，神也可以使人成为能量的载体，兼备善与恶的本性。这种力量，可以让人打败敌人、战胜灾难，也可以让人夺取其他无辜者的性命。因此，人需要不断地做出自己在道德层面上的选择，调动最崇高的能量，致力于善事。

那些顽固不化的人如果再问“为什么神不阻止人做坏事”，那么，用以上的道理就可以解释了。如果神真的干预人类世界，那人类不就沦为木偶了吗。神在上方提线，随意摆布人类的行动，这种傀儡般的生活就是人们想要的吗？如果真是这样，人就会被剥夺最高尚的能力，即选择之力——选择正确道路、避免误入歧途的能力。

我们绝不能让神成为替罪羔羊，为人的罪恶背上黑锅。神最伟大的智慧体现在他让我们拥有规划自己命运的能力。他本来可以将人类变成没有意识的机器人，但却允许我们成长为个性鲜明的个体。正是由于神赐予了我们个性及天赋，我们才能拥有自觉的意识，根据自己的道德标准去办事，做出自己的判断和选择。这就是人类世界的希望。

我们要相信人的个性、相信人独立成长的重要价值、相信个体的创造力和职责。有人认为人只有通过法律的约束、强迫才能追求善，我们应拒绝接受这种说法。同样的道理也可以应用于人和神的关系之中，假如我们真的希望拥有个性和自由，就不该去要求神，不能因为害怕出现邪恶就放弃我们的这种权益。如果神真的收回成命，那他虽然还具有神性，但本质上却是一个暴君，全人类都只能在其独裁统治下奴隶般地生活。我们不应该一方面抛头颅洒热血，为争取民主自由而奋斗，却在另一方面要求神不断地保证或承诺对我们的要求应该有求必应。如果人类失去个性，不能对自我决定做出选择，那这不会是一个美好的世界，而只能是一场噩梦了。

现实的世界是这样存在着的：通过人生中无数次的抉择，每个人都被赋予了选择毁灭或寻求救赎的自由。这个道理听起来好像自相矛盾，但恰恰证明了存在着一个公平公正、黑白分明的神。

可是，我们不愿意让自己仅仅成长为一个个体，与他人毫无关联，形单影只。我们希望能够成长为相互倚仗、相互拥抱的人类。通过人际交往，用自己的行动对社会施加影响，同时也受到社会关系的制约。绝对的孤独是世界上最恐怖的事情。在神创造的世界中，我们不会孤独地活着，我们的所作所为，会不可避免地产生一个影响圈，且范围不断扩大，最后影响至全世界。

每个人都与其他人相关联，这不但使我们为之骄傲，亦是种悲剧的来源。

在不同命运的相互作用下，我们肯定会受益其中。如你、我，以及大多数普通人并不会发明电灯、消炎药，也不会谱写宏大的交响乐，但是在这个相互交织的世界上，我们又都享受着那些不是自己发明创造的美好事物。在社会生活中，我们彼此依赖，却也为此付出了巨大的代价！个人的邪恶行为，通过生活的纽带，会像黑色的墨水一样迅速蔓延，将无辜的旁人卷入其中。这的确是人间的悲剧，但还有另外一种生活方式比这个还要悲惨。如果我们像与世隔绝的隐士一样，将自己反锁在密封屋子中，虽能保护自己不受他人罪恶的侵害，但同时也无法从别人那里得到任何正面的影响。社会生活是神给予人类的礼物，而人与人之间的良性互动就是神赐给我们最崇高的祝福。

上面说了这么多关于邪恶的话题，但我认为这些还不足以概括出这个问题的完整答案。科学家和宗教学家目前也只能做出部分解答。但我的确体会到，我上面说的才是更加合理的答案。

人类的选择

我清楚，有时候我们会从心底渴望神能从天而降，干预个人的生活，拯救社会的命运，希望神能够无视自己为世界设立的法则，奇迹般地缓解我们心灵的痛苦，阻止人类彼此残杀。这样的渴求很正常，也很自然，每个人都曾希望神能够出面化解个人的悲剧，或事先提醒我们前方存在的危险。但我们必须约束自己，清醒地意识到这些都是不合理的要求：要求神像父母一样，会为孩子的哭闹声而心软，主动去违反或废除施加在个人和社会中的行为准则；要求神取消道德上的"万有引力"；要求神保护人类免受因愚蠢和软弱所酿成的灾祸。

当我用头脑理智地思考，而不是随心意流转时，就会理解，神不会在他创造的世界中任性地干预个人和社会的发展轨迹，让人类的一切努力和奋斗都变得一文不值。我们也不可以指望神会帮助人类逃离那些人为带来的邪恶，比如因官员渎职、腐败所带来的公共灾难，或是暴君的独裁统治。人类早就清楚，如果不及时阻止霸权专政，数以百万计的人将会惨遭迫害，生灵涂炭。我们怎能在神的面前跪下，祈求他带来奇迹，让人类种种劣行造成的恶果自动消除呢？良知让生命富有意义，让我们区别于冷冰冰的石头，但我们不能既享有这些好处，又希望神能为人类开出一张巨额保险单，允许人类有恃无恐，不必承担任何艰难和失败。

当神看到人类滥用他赐予的自由，胡乱做出人生的抉择，肆无忌惮地违反神定下的法则时，他心里一定万分哀伤。"人啊，"他痛苦地哀嚎："人啊，我为你们创造了地球，给你们埋下了钻石、黄金、煤炭和石油；我给你们倾注大江河川，推动你们的水磨，让机器轰隆作响；我为你们洒下了肥沃的土壤，让你们能够种植五谷杂粮，看那金色的田野随风波动。可你们却是如何报答我的？你们偷走了我的煤炭和石油，只给穷人剩下了煤渣和污染；那些耀眼的钻石、珍贵的黄金、汹涌的河水，全都被你们抢去，关在了自私贪婪的库房；你们拒绝利用我赐予你们的才华去建设一个正义的世界；你们挥金如土，不停地制造军舰大炮，而这些武器在战争中瞬间就变成碎片；你们眼睁睁地看着自己美丽的城市变成残垣断壁，你们眼睁睁地看着自己的子孙后代在遍布世界各地的战场上惨死。再看看今天，人啊，你们利用我赐予你们的无穷智慧，打造出了一把能够开启我的能量宝库的钥匙。但你们没有想到，在原子的核心内，既存在着让你们生的力量，也蕴含着灭绝人类的危险。人啊，这个时候你们是选择带来死亡的武器，还是选择创造求生的能量工具呢？你们是选择必然的毁灭，还是选择可能的生存呢？”

第五节
“天启”时刻都在发生

今天人们真正需要的，是改变有关“天启”的观念。传统的看法认为，天启是发生在西奈山上的。神往往通过选择《圣经》或某些特定的先知或圣贤，用他们的文字或话语与人类对话。但是现在我认为，天启每天都在发生，神对每个人，每时每刻都在传递着他的旨意。不管是一位好友、一个慈祥的母亲或一个颇具英雄气概的领导者，不管你是什么人，正在扮演什么角色，都是包含着神意的载体。

把神想象成爱、创造力、成功和救赎的来源，这其实并不是一种心理投射，也不是主观的幻觉，以世间万物为证，这种宗教观确有其合理性。我们在世界中互相联系，充满了无穷的创造力和未知的可能性，真、善、美的景象亦随处可见。我承认这个世界的确还存在着一些黑暗的事物，但正如哲学家怀特海所指出的，在历史的进程中，这些罪恶只是些短暂的不稳定因素，不会永远地存在下去，他们终将屈服于正义和创造的力量。

优秀而虔诚的人在生活中受到苦闷烦扰时，神都会不时地给予他们启

我们是价值观的载体，是散发着价值观耀眼光芒的频谱。

示。人在童年时期对善的观念来自于理智的父亲和善良的母亲，长大后，就会把这种善的理念应用到神创造的世界中，这是很自然的。我们可以看到，对神的看法，最初来自于家庭这个温暖亲切的小社会中，然后随着人们视野的扩展，成长为无限的神观，只有这样形成的观念才是正确、成熟，坚不可摧的。

我们不必说自己是神的“形象投射”，正相反，我们正在直接面对着神。“面对”这个词在很多宗教信条里都有着重大含义，它意味着我们要面对面近距离地接触神，发现神仁爱慈祥、公平正义、实事求是的本质。

回到“天启”的话题，有一个观点我想向读者表达清楚，即我们现在已经近距离发现的神的本质之多，连荷兰哲学家斯宾诺莎（Spinoza）做梦时都无法涉及。我们所直面的爱心、同情心和万物之间的相互关联等等，都与神性自然地融合在一起，它们就像万有引力一样无处不在，是构建这个世界的基本要素。诚然，其负面属性会妨碍人们获得成功，但这些东西并不单单通过人类投射进这个世界，它们是实实在在存在着的，如影随行。

人类不仅被神赋予了价值，还应肩负起将这些价值观运用到具体的日常生活中，并散播到世界各地的责任。即我们是价值观的载体，是散发着价值观耀眼光芒的频谱。

我们需要做的重大选择就是，我们到底想成为神的哪一类使者？我们到底代表神的正面还是负面的价值？我们是否因为残酷暴虐而抛弃神，投入魔鬼的怀抱？是否因为热爱世人、积极创造而成为神忠实的代言人，结局如何就取决于我们对待生活的方式。

实际上，人类永远也无法给神下一个明确的定义。我们的能力尚有很大的局限性，不能靠语言精准地描述出一切存有，所以每当我们想要阐述

> *智慧、意志、个性，生的渴望、爱的渴求，人际关系的需要等等，这些内心诉求其实都和原子、电子一样，是理解现实世界的关键所在。*

关于对神的看法时，只能通过一些含混的修辞方法来表达。其实很多人不清楚，科学对宇宙现象的描述和宗教对万物的描述一样，都会采用某种象征性的手法。当有人将世界比作一部庞大的机器时，我们就觉得他说得对，准确科学地描述了世界的现实。但这不就是一种比喻手法吗？每当我们说现实世界是一部井然有序的机器或纯粹由物质构成的时候，我们就将一些额外的东西附加到了对世界的理解之中。由此，我们为什么非要继续在文字上苦苦钻营而不用更真实的精神体验去感受呢？智慧、意志、个性，生的渴望、爱的渴求，人际关系的需要等等，这些内心诉求其实都和原子、电子一样，是理解现实世界的关键所在。

我常想，我们更愿意从物质的角度来看待世界，而不愿意从意志和良知的方向去观察世界，这种习惯其实正反映出我们的自卑情结，映照出我们认为自己并不配做神的子民的心态。这种精神上的自卑感其实在某些神学的圈子中也非常流行，这看似有些说不通。但为什么我们总是选择用简单的方式来解释世界呢？为什么我们要忽视人的精神因素，要去称赞原子才能帮助我们发现真理呢？为什么我们就不能相信灵魂的崇高实际上就是世界的本质？为什么我们不愿相信自己是神的子民，在神的敦促下互敬互爱，团结友好，正向着真善美的终极目标进发呢？

也许我们永远无法企及神的高度，但我们可以了解神有关文明、精神和道德健康的普世原则。美国哲学家威廉·厄内斯特·霍金（William Earnest Hocking）坚持认为，神不是一种能够治疗疾病的幻想，他是确确实实的存在。我们可以在大自然的壮丽山河中、在心灵的丰硕积淀中、在原子的自然法则中、在人类的自由意志中，感悟出神对世间万物的作用。

心理失衡的男人或神经质的女人，不管对神多么地崇拜，都只是一种病态的扭曲表象而已，若不能从这种不良心态中摆脱出来，就无法获得真

我们没有必要把爱和理性强加到我们对世界的观察中，因为我们早已发现世界本就客观存在着爱和理性；我们也不必把这些特征投射进世界，因为这些美好的事物就存在于我们心中，每一天都可以亲身体验到。

正宗教式的洞察力！当我们看到身边有人行善积德、广施仁爱之时，就会发自内心的想：世界是站在正义的一边的。这种看法并不是掩耳盗铃、自欺欺人。

我们没有必要把爱和理性强加到我们对世界的观察中，因为我们早已发现世界本就客观存在着爱和理性；我们也不必把这些特征投射进世界，因为这些美好的事物就存在于我们心中，每一天都可以亲身体验到。

这种对神的理解模式，是一种变化流动的过程，不会僵化停滞。这就意味着我们已经建立了一种崭新的神观，这种新的观念无疑更加成熟，也更加坚固。当然，这并不意味着神本身发生了变化，只不过是因为我们通过深入的观察和经验的不断积累，自然而然地产生了这种质的变化。

许多有识之士都在呼吁人们要转变心理观念，让自己对神的认识成熟起来。他们包括哈里·爱默森·福斯迪克博士（Dr. Harry Emerson Fosdick）、科尔比学院院长朱利斯·西利·比克斯勒（President Julius Seelye Bixler of Colby College）、牧师内森·克拉斯博士（Reverend Doctor Nathan Krass）以及莫狄凯·卡普兰教授（Mordecai Kaplan）等等。

威廉·厄内斯特·霍金教授在《科学与上帝观》（*Science and the Idea of God*）中，曾说过如下含义深刻的话："神不是我的仆人，不会服从于我的愿望。神不会为了达成某个个体的目的，而破坏他本人在这个世界上建立起来的自然秩序。一切成熟、理智的宗教观，都倾向于凭借自己原始的感知来思索神的行动，而不是从物质的角度出发。这也就是说，我们应该把神视为客观存在的一部分，拥有涵盖整个世界的深刻含义，存在于价值观念的自然秩序之中……神代表着世界对正义的要求……是正常精神生活的最高法则。"他还认为，神即是一切美好价值的恩赐者，人类的价值观和人性的可爱之处因此而显诸于世。神代表着世间的善，生命的终极

对神的信仰，从根本上来说，就是信仰人类与生俱来的价值观。虽然在通往救赎的荆棘路上，每个人都必定要历经磨难，但毫无疑问，神制定的规则也允许我们依靠自己的力量获得救赎。只要体会到这一点，你就可以体验到神的存在。

能量，涵盖了文明发展的核心目标。霍金教授的这种看法就是成熟的宗教新观念的典型代表。

此外，还有一种成熟的神观可以在莫狄凯·卡普兰教授，这位伟大的犹太神学家的著作中找到。他对神的见解也独具深意："对神的信仰，从根本上来说，就是信仰人类与生俱来的价值观。虽然在通往救赎的荆棘路上，每个人都必定要历经磨难，但毫无疑问，神制定的规则也允许我们依靠自己的力量获得救赎。只要体会到这一点，你就可以体验到神的存在。"卡普兰的这种观点亦在下面这首诗中，体现得淋漓尽致：

神，大自然的生命
神就是完满，
他跨越那深不可测的空间，
穿越那无边无垠的时间，
仿佛与我们的思考一样，
联系二者，融为一体。

神就是和合，
是恒星与行星的基本物质，
是我们地球共同的家园，
与世间万物同质合一。

神就是自性，
集宇宙于一身，
代表着天地万物的统一与规律，
代表着世间万象彼此作用的动力。

神是生命的奥秘，
赋予其内在的驱力与决心，
点燃慢妄的物质。

神仿佛灵动的火焰，
为冰冷的物质注入活力，
使它跃进更高等的生命国度；
在心灵深处燃起情感之光，
最终点亮思想的火炬。

神存在于信仰之中，
借助这种力量，
我们尚可克服孤独、无助、
失败和死亡带来的恐慌。

神存在于希望之中，
这希望有如强光，
洒满罪恶、苦难和绝望的深渊，
照亮一切阴暗之地。

神存在于爱之中，
即创造、呵护和宽恕，
神就是正觉，
让人造的混乱和失衡，
回归正途。

神是使我们获得救赎力量的源泉：通过大自然的影响之力；通过人性的相互作用；通过错综复杂的社会关系更替，通过世间百态的经历，甚至是杀戮战场的洗涤来向我们揭示天启。

生命流转，生生不息。
暂新的美好世界，
以此无形的方式，
拉开序幕。

在我看来，神是使我们获得救赎力量的源泉：通过大自然的影响之力；通过人性的相互作用；通过错综复杂的社会关系更替，通过世间百态的经历，甚至是杀戮战场的洗涤来向我们揭示天启。神存在于成长必经的艰难险阻中；存在于哀伤痛苦的情感体验中；存在于思索的无尽智慧中；存在于将人类和璀璨群星紧紧地联系在一起、共同去实现终极目标的一切自然法则之中。

第六节

与神为伴

想要树立关于神的新观念，我们就需要经历真正意义上的心智成长。在今天这样的时代，当我们意识到必须放弃某些旧观念时，就势必得逐步形成新的神观——彰显出这个国家的民主历程和独特的文化走势。包括怀特海和康普顿（Compton）等当代最优秀的科学家和哲学家全都认为，我们应该将神看做一种力量，并与它合作。同时，这种神圣的力量也应该将人类视为心智成熟的伙伴，可携手共建一个完美和谐的世界。

在犹太教的教义中也可以找到类似的观念。但是，只要人类还生活在不自由、不平等的社会中，这种观念就很难为世人所普遍感知。如果一个人终日心力交瘁地活在他人的奴役之下，还如何在感情上体验到自己是神的伙伴呢？我敢预言：只有在民主宽容的文明实践中，人类才会懂得人性的尊严，发现我们是神必不可少的伙伴，与神平起平坐。

在全民科技化、民主化时代来临之前，人类历史无非是一个永远依存于他人，没有能力改变命运的断章——在贫穷和疾病、暴政和专制下，不得不低头默默忍受。有人可能会说，虽然神需要与人相契合，但只要我们在实际生活中感到自己并没有被别人视为合作者，就不会真的认为自己和神是可以合作的伙伴。

举一个15世纪意大利农夫的例子来说吧。他的祖祖辈辈都在同一块土地上耕种，在同一所教堂中受礼，同样没有接受过正规教育，且一生都在与贫穷和疾病作斗争，只有仰赖地主偶发的善心才能够生存下来。这样的一个人，由于受限于那段历史的局限而难以培养出新的信仰观念，但时至今日，我们却可以在新社会文化氛围中，以一个自由的美国公民的身份来发展我们新的神观。

我坚持认为，我们看待神的观点，必须与我们日常生活的方方面面相协调。传统上，欧洲人更注重服从集体和权威，依从强有力的政府领导，在个人意志和政府利益相冲突时，往往需要做出一定的让步。而美国人就不一样了，人类学家米德（Mead）就曾指出，美国人强调的是自力更生、开拓进取，他们相信人不应该满足现有的成就，而应该不断进取再创辉煌。

可是这样一来，我们的宗教就有大问题了：我们的宗教仍然延续着欧洲人的宗教观，并在此基础上来描绘人和神的关系。但如今，他们的社会发展现实与美国如今的境况已相去甚远，他们强调的是人的渺小和神的万能。这种宗教观念也许符合欧洲人的传统，但放之于美国现存的社会文化背景中就很不适用了。

美国人的宗教信仰为什么不那么深？其中一个原因很可能是由于我们试图保持的宗教观与现实生活相脱离，不符合现代人的生活需要。与大多数东方和欧洲的信众相比，美国人始终认为征服自然、征服北美大陆，实现各种各样的梦想才是我们的使命，因此，很少有无依无靠或必须依赖他人的情感诉求。美国文明几乎抛弃了俄狄浦斯情结，极度推崇个人的创造

在现代神学和心理学日趋成熟的年代，我们首先要结束承袭旧有精神文化滞后和受传统经验规则阻碍的生活。

力和超越父辈的抱负，这种文明必定会越来越难以认同宣扬一个全知全能的神的宗教。

现在我们有合适的契机在美国建立一种新的神观，它将体现在自力更生的社会开拓者们勇敢的创新中；同时，我们还有机会创造出一种新的宗教，它将不再建立在屈服和妥协之上，而是建立在对新的人生的理解、新的对神的信仰的基础之上。我们的确可以设想，自己就是神负责任的合作者。在我们的祈祷和教义中，应该也让精神追求符合我们的日常生活需要，不能抱住过时的传统观念不放。

我们所拥有的信仰，不应该扎根于那种感觉自己孤独飘零的情感中，而应该建立在坚定自信的基础之上；我们不应该在失败中寻找神的存在，而应该在胜利中积极探索，通过切实的自我实践来寻找神的行踪。未来的宗教，将会首次成为一种强调伙伴关系的信仰，人们不仅能够通过言语表达出来，还能从心底感受到，人神共在。

在现代神学和心理学日趋成熟的年代，我们首先要结束承袭旧有精神文化滞后和受传统经验规则阻碍的生活。过去，人们常把神描绘成类似地主或君王的形象。但在“二战”后建成的民主社会中，封建帝王已经不复存在了，那么我们对神的形象是否也该改观了呢。如果基督教会和犹太教堂愿意做出改变的话，将可以帮助全世界的人民一起来反抗各种奴役，夺回人性的尊严和自由，并使人们相信有一位仁慈的神，乐意与人类合作，没有君臣之仪，只有兄弟之义。

早前的犹太教的教义中，神总是希望他的子孙后代都能成为他的伙伴，投身于创造性的事业之中。而今天，在民主逐渐成为普世哲学的时代里，人类将第一次有机会意识到神其实一直在期待着我们与他合作。

神性存在于地球上的生命和秩序之中，也存在于人对高尚道德的不懈追求之中。而宗教可以帮助我们巩固信心、保持信念。

只有当人们逐渐意识到人类会不断地接近神、了解神的时候，我们才能从心底改变对神的看法。我们的心灵虽然并不充盈，可能只不过是一些零星的光束，就像是仲夏夜里飞舞着的萤火虫。但正是这种短暂的照明，使我们于无限的时空中，看到了人类文明历程中的很多美好而辉煌的成就。纵使我们的脚步依然在诸多不安中前行，但只要锲而不舍，不断攀沿，我们终会有站在文明之巅的那一刻。

神性存在于地球上的生命和秩序之中，也存在于人对高尚道德的不懈追求之中。人还没有准备好接受暴政是一种必然的存在，失败是不可避免的，社会的缺憾是无以弥补的，而宗教可以帮助我们巩固信心、保持信念。在未知的苍茫宇宙中，神这颗伟大的耀眼之星和由人类组成的小小星辰，定会一起放射出摧残的光芒，永世不灭。

第九章　宗教和心理学的整合

各种不愉快的事情充斥着我们的生活，它们制造出了太多的噪音，竟让我们忘记了善始终在悄无声息地发生着作用。

第一节

相信什么？

我们缺乏信仰的心灵哀怨地穿行于混乱的人世间，不愿再去思考“人应该相信什么？”

这个问题的含义和深度似乎已经超越了人类微弱智力所能领受的范围。我们寻找的不是某种信条或教义，而是一种能让我们在人生的战场上更好的生存下去的信念。如果可以的话，我们希望得到的是一种生命的核心理念，然后，我们可以以此核心为基础，对自己加以整合。

这种内在的核心——如果是支撑我们灵魂、精神、心灵和血肉之躯的关键所在——必须是一个包含所有可能的元素的力量——“合金”。若是使用弱金属或是劣质金属来作为链接核心的主要材料，后果将是无法预料的，可能是痛苦、失败的折磨，亦或是大灾难的莅临。但如果换以正确的路径，将人类安稳、崇高的力量溶入其中，那么它将运做出超越人类“纯度”的新能量——塑造出心灵的永恒宁静，使之成为生命中不可或缺的一部分。

在宗教和心理学分别揭示出的众多真理中，我们可以找到许多现成的不同类元素，只要把它们放入熔炉，让这些真理相互作用、互为补充，就可以合成一种不易腐蚀的“合金”，这将会是多么高尚而稳固的真理啊！

宗教和心理学都将显微镜放在了生活深处的隐秘之地。我们已经看到，心理学能够一针见血地证明宗教神观的正确性，而反过来，宗教又升华了心理学的新发现，并把它普及到世界各地。那些对宗教和心理学的完美契合了如指掌的人会将此二者比作一对孪生天使，飞下天庭，携手拯救在世间痛苦挣扎、无所适从的可怜人类。

另类的声音

但不幸的是，有些缺乏远见的人，在听到“宗教和心理学会在拯救人类上取得一致意见”时，不是心存疑虑，就是冷眼旁观。宗教信徒通常会怀疑心理学的理论和实效，而心理学人士则往往对宗教持反感或嘲讽的态度。有些宗教人士眼看着心理学取得的重大进步，不但不及时调整旧有的思维模式，仍旧顽固不化、毫不妥协，还始终认为：允许宗教与其他教导人类的真理或其他体系混合在一起，让神的观念落入肮脏的凡夫俗子的手中会玷污宗教的纯洁性。然而，如此一来，实际上已经是将神和生活隔离开来，生生地割裂了人的灵魂。

古代的犹太先知们从不会用这种狭隘、排他的观念来理解宗教。在他们眼中，神不但会无限观照人类幸福美满的生活，亦同样会关注人类的成就和进步。犹太教和其他宗教史上的伟大哲学家们，如斐洛就从柏拉图的教学中吸收了很多养分；迈蒙尼德和艾伦·本·以利亚（Aaron ben Elijah）则从亚里士多德的论述中获益良多。所有的西方宗教流派都接受了从达尔文到赫胥黎的生物学发现，吸纳了伽利略和牛顿在天文学和物理学

与神的共融并不仅仅是个人被吸收进永恒神圣领域的过程，它要求我们回归尘世，在我们能力所及的范围内，尽力使整个人间都变得神圣。

上的进步思想，极大地促进了宗教的发展。

虽然，神学起初对科学家是持恶意攻击态度的，指责他们密谋破坏神圣的宗教殿堂，是下流的野蛮人。但时过境迁，优秀的神学家们已经在科学成果中观察到了神迹，并意识到多数科学家都是勤奋工作、值得尊敬的人，他们所从事的工作是对真理的无私奉献，为人类能够追求至圣的真理而辛苦的耕耘着。

在如何看待宗教的问题上，也许我们无法规避个体气质性差异的问题。有些人就本质上而言，希望宗教仅仅局限于对神秘经验的体验——“全然的他者”。但另一些人却认为神可以为世人带来救赎并进一步肯定这一点，即宗教必须关注人和生命，强调人的道德心和社会责任。若非如此，宗教便是不完整而令人难以忍受的。

在我看来，与神的共融并不仅仅是个人被吸收进永恒神圣领域的过程，它要求我们回归尘世，在我们能力所及的范围内，尽力使整个人间都变得神圣。这种令人世神圣化的目标，需要利用人类在几千年的文明历程中，所发现和发明的所有工具，包括自然科学、社会科学，和一些有力的哲学理论，当然，还包括如今的心理治疗手段——心理学。

很多宗教界人士担心，科学技术的发展会使宗教相形见绌，甚至还会取代宗教在人类历史上的重要地位。科学的迅猛发展，让人们在过去几百年里一次次地看到宗教领域正在逐年收缩。比如，人类在过去曾向神祈求降雨，希望借助于神之力来摆脱贫困滋扰，求得五谷丰登、人物康阜；但如今却转而向水利部门或农业专家求援；懂得依靠技术、产业和经济政策来实现物质繁荣。因此，近代以来，人们又一次背弃宗教，转而向马克思、弗洛伊德和爱因斯坦寻求救赎。在此之后，心理疗法由于能在一定程度上抚平心灵的创伤，为人们填补内心的种种缺憾，这多少又进一步挤压了宗教的生存空间，逼得宗教几乎只能以化石的形式存继下来。鉴于科学和宗教的历史缘由，人们有这样的担忧是完全可以理解的。

许多宗教人士对心理学非常畏惧，仍对其存有部分恐惧及误解。比如，宗教人士很担心心理学会融化人类的一切理想和道德观，害怕心理学会把人类所有的情绪和情感，都归贬为某种幼年时期形成的情结，或某种愚蠢的变态症状。其实心理学消除的只是我们内心的恐惧、挫折、对立等情感，它会保留而不是伤害我们身上坚毅成熟的力量；对积极的成分加以巩固，并使之成为未来身心成长的坚定基石。

不可否认的是，一些精神分析学的伟大开拓者们也都曾对宗教持敌视态度。如弗洛伊德对宗教的消极观念——否认，这一方面反映出他超然的科学气质及其公正的科学思想，而另一方面也反映出当时那个年代理性主义对他的过度影响。此外，宗教体系内部亦未能宽容他的开拓性研究，使他个人曾经因此蒙受过诸多痛苦。故而，在对待宗教的问题上，弗洛伊德及其弟子曾一度表现得甚为偏激，但这种主观的偏见只是与他们个人经历的相关偶然性事件所致。

不管怎么说，我们不能因为对个人抱有偏见就认为他发现的那些有助于了解人类本性的精神研究也是无效的。实际上，后来弗洛伊德在哲学领域的某些理论，即使是他颇受学界推崇的学生们亦非全然拥护，不再同意他对宗教和形而上学的一些否定言论。随着岁月的流逝，真相昭然若揭，就像我们不能因为少数宗教狂热分子的偏激论调而否定宗教一样，也不能因一小撮庸医以心理学的名义招摇撞骗而对心理学的理论和实践全盘否认。

当我们谈到心理学的时候，应该提及心理学领域内最有代表性、最具才华的学者和医生及其理论、观念；介绍那些通过验证、经由实例研究过的真理，而不是那些在这一领域中的意外和谬误，或极端的假设跟猜想。

同样的，在我们提及宗教时，也应首先考虑过往先贤们充满智慧的见地及其功绩，强调宗教几千年来在道德和精神准则方面为人类文明带来的巨大贡献，而不能仅从宗教史上的悲剧、残暴、狭隘和偏执的角度来解读其本身的含义。

独一无二的领域

然而，在任何情况下，我们都不必过于担心心理学会将宗教取而代之，占据宗教所提倡的精神国度；或对精神病学将使宗教所渲染的精神境界过时、淡出人们的生活而忧虑。心理学的开拓性成果可以帮助所有人，但它更关注那些有神经质特质及心理失常的人们，其主要目的就是使这些人能够通过治疗更加适应社会，融入到正常的生活关系中去。但宗教的目标对象则是各个阶层的人，其主旨是让每一个普通人的生活都快乐幸福，给予人们人生所需要的勇气、力量和内心的安宁。由此，宗教既不会与心理学的目的相抵触，更不会受到心理学发展的威胁。就像没有人把光学看做是人类视力的敌人，同理，宗教人士也不应该将心理学视为势不两立的敌手。

恐惧心理学会最终取代宗教是缺乏理论根据的。尽管二者之间存在很多共同点，但他们在对主旨和本质上的诉求却大相径庭。我们必须明白，心理学及其治疗方法都属于科学的范畴，它所处的角度与道德及价值观关联薄弱，而宗教恰恰相反，它生存在看重伦理道德的国度。心理疗法在处理道德问题时需要保持中立，如果它对人类生命的终极涵义做出价值判断，那无疑是越俎代庖，亦对治愈病患无益。而另一方面，宗教必须告诫信徒，在神的伟大蓝图中努力寻觅属于自己的位置，如果做不到这一点，宗教亦失去了他的精神本质。

霍金教授指出，心理学的主要对象是找出人类不幸和情感扭曲的原因，并加以革除。心理治疗拥有客观、科学等优越性，常常可以用于溶解过于强烈的负罪感，打消足以毁灭自身的自我否定情绪。心理学向人们阐述，确实存在着“隐秘的消极因素”，它“束缚着自我的自由，成为捕食内心的火苗，不断焚烧灵魂的能量，最终使人身心俱损”。

尽管心理学已经取得了巨大的成就，但在阐述和神性相关联的人类的永恒焦虑感，以及揭开宇宙奥秘的一途中却毫无用武之地。要想让人相信“世间有一种字符，可以证明希望和宁静”这一点只有宗教才能做到。

最后，唯有宗教可以在世界这块宏大的画布上描绘出森罗万象的核心本质，并赋予世界永恒的涵义，而心理学则须负责处理画布上某一个局部的特定问题。唯有宗教能给人无限的意识，并领悟人生的终极涵义，了解生命与宇宙存在着内在的必然联系。

不过，虽然宗教肯定人应该自信满满地生活，寻找自己在宇宙中的专属位置，并义正词严地拒绝将道德和终极目标交给心理学来处理，但是，宗教同样也须心怀感激地采纳科学发展带来的成果。只要能让人们的生活更加幸福美满，一切科学上的帮助都不应拒之门外。诚然，宗教有能力对人类文明做出独一无二的贡献，但这不代表就应该拒绝心理学所能提供的强有力的合作。正相反，看到心理学可以为每一个需要帮助的人提供理解和帮助，教会应该感到无比欣慰。

事实上，宗教对人类社会确有其独特的贡献，但也不意味着它必然会拒绝一个强有力的盟友——心理机构。应该庆幸有这样一种援助，强强联合必然可以给每一个分裂的灵魂以整治、提升的机会，让每一个生命个体都能抵达神圣的殿堂。而只有当灵魂得以整合致身心和谐之时，人们才能真正得以从苦痛中出离，体悟放松、自由与宁静之境。

人应该相信自己是好人、相信人性向善；承认人各有别、情感和能力因人而异，并重新理解骄傲自大的危险，拥有区别于他人的道德个性，在理智和情感两方面努力前进。

心理学的遗憾

我们必须始终牢记心理学所能发挥作用的局限性。它一方面可以帮助人们逃离因自我而强化的忧虑、恐惧等情绪，但另一方面，它永远无法让人变成天使且无法确保接受治疗后能够永不再犯，只是有针对性的让人们内心的痛苦减弱，认为生活没有那么不幸而已。在凡夫俗子短暂的一生中，苦闷、不满和矛盾冲突是不可避免的，心理学一方面努力缓解人们的不幸，而另一方面也深刻地意识到，凡是血肉之躯，在生活中总会经历各种苦楚。心理学家们明白，自己所做的工作并不能保证每个离开诊所的人都能从此一帆风顺、安享幸福，只能尽力为他们现在以及未来的和谐生活打好基础，对此，只有宗教和崇高的终极精神目标才能够做出如此保证。

心理学不是包治百病的灵丹妙药，它常常对人世间的惨剧及其社会根源视而不见，对战火杀戮和贫穷疾苦充耳不闻。不过，心理学虽非万能，却也从未如此宣传过自己。我看到的是，对于未来的宗教来说，心理学对人内心的洞察及见解极其珍贵。过去几百年间，通过吸纳天文学和生物学的重大发现，宗教亦变得更加成熟、深刻。而在今天，宗教也可以与心理学合作来进一步发展自己。

是的，现代心理学将永远不会代替宗教，毕竟物理学、生物学等学科几百年来也没有动摇过宗教的基础。但心理学所特有的洞察力，可以帮助今日的宗教人士理智地观察个体与社会健康的现实与规律。心理学在人际关系领域的开拓性发现应该为宗教所吸纳，使之将注意力集中在人类行为的准则上，鼓励人们对自我、社会和整个世界抱有全新的健康态度。

总的来说，为了实现美好的生活，人应该相信自己是好人、相信人性向善、承认人各有别、情感和能力因人而异，并重新理解骄傲自大的危险，拥有区别于他人的道德个性，在理智和情感两方面努力前进。

无论是人性的本质、由自大狂妄带来的危险、榜样对性格发展的作用，还是情感的合理性，宗教都可以从心理学的研究成果中吸取养分，借助心理分析的影响力，整合并发展成一套全新的真理，并以此来教育和敦促众信徒，深化在心灵和道德上的需求和责任感。

第二节
精神的多元化

西方宗教耗费大量的时间和精力来谴责人类，指责人是不可饶恕的罪人——一艘满载毒液、污垢的黑色之舟，不配用来负载神圣的琼露。这种对比极具讽刺意味，令人感到震惊。但心理学家却对此十分乐观，认为人性中蕴藏着无限的可能，善与恶、生与死都无法在一刻间言之凿凿。

这怎么可能呢？心理学对人的弱点了如指掌——乱伦、谋杀、唯我独尊等人性中潜藏的内在驱动力。那为什么心理学还要不遗余力地宣传人可以改善自我呢？在这个时候，连那些在神学界最有影响力的学说都认为人类是在自掘的坟墓中画地自狱，唯有借助神的无限仁慈才能获得救赎。由此，为什么心理学还要对人如此怜悯并坚守自己的观念呢？

心理学确实坚信人性本善，这一点虽然乍看起来有些奇怪，但仔细想想也确当如此。我和我的一位出色的心理学家朋友曾就此有过愉快的探讨，她的看法是“我对人类抱有信心。我对人性的分析越是深入，就越能看到每个人都拥有极其优秀的潜能。”这着实令人感到高兴，于是，我想要将她

各种不愉快的事情充斥着我们的生活，它们制造出了太多的噪音，竟让我们忘记了善始终在悄无声息地发生着作用。

的主题深入探讨下去，决定跟她唱唱反调。我反驳道："那么，对于那些在精神病院里难以控制自己疯狂举动的人；那些在贫民窟横行的少年犯；以及那些在法院档案室里堆积如山的离婚诉讼，当然，这些还只不过是我随意想到的几个问题而已，对此你又作何解释呢？"

人性治疗法

我的朋友温柔地笑了笑（顺便提一句，现在已经少有神父或医生在信徒或病人面前展露笑容了），答道："各种不愉快的事情充斥着我们的生活，它们制造出了太多的噪音，竟让我们忘记了善始终在悄无声息地发生着作用。恶往往具有攻击性，狂暴猖獗，但善却喜静，温柔而平和，往往不外露张扬，含蓄而深沉。如同万有引力定律一样，善也是亘古不变的、不可抗拒的，但是却又看不见摸不着。仇恨咆哮时仿若暴风雨，雷电交加、震耳欲聋，让我们忘记了奉献、忠诚和爱心就像潮水一样默默地上升，将满载人类的船队平安送达港口。"当时，她的两位同样在该领域颇有成就的同事也参与了此次对话，并对她充满人文关怀的见解表示赞同。如果我在教会中的那些同事，也能够将目光从人性的丑态上移开，仔细聆听这些心理分析师的分析，那该是一件多么让人欣慰的事情啊。

不可否认的是，现代人真的病了。这种病使得人们在痛苦和恐慌的折磨中艰难度日。有时候，人们甚至对能否从这种一日三秋的状态中获救亦不抱太大希望了。这个时候，如果他们在宗教活动中还不断受到负面信息的打击，深信人性本恶，那无异于雪上加霜，再难康复了。因此，神学若想真正为人们排忧解难，为人类文明做出贡献，就必须如上述讨论中论及的那样，让睿智与宽容成为传教士长袍上的底色。

下面举个具体的例子来说明吧。让我们试着将牧师们在使少年犯接受改过教育时所用的无效讲道，与身在底特律的弗里茨·利德尔博士（Dr. Fritz Redl）充满智慧的心理疗法做个简单的对比。作为一个卓越的心理学专家，博士曾对城区贫民窟里的一群屡教不改的小流氓进行了心理分析治疗并取得了惊人的成效。这是为什么呢？

原来，他始终坚持一个信念——不论是作为个人还是作为社会的一员，每一位少年都本性善良。当然了，针对这些“流氓、小痞子”的某些不良行为，他也会直言不讳地当面提出。比如，他曾对一个年轻人这样说道：“吉米，我们不喜欢你今天的举动，但我们仍然喜欢你。”利德尔博士清楚，吉米偷取轮胎其实是想去填补他内心的某些不安。了解原因后，心理医生所要做的就是，消除令其深感不安的原因，以及维护并支撑起孩子那原本易受打击的自尊心。这正是心理医生诊疗方法的核心所在，它同样值得每一位牧师借鉴学习并从中获益。

另外，还有一种有着同样治愈效果的治疗方法——强调人类本性中潜在的善和勇敢的品质，这种疗法已经在格林克上校和斯皮格尔少校对战士们的医疗实践中得到了切实证明。我们也能在《压力下的人》一书中再次审阅到它，笔者用一个个鲜活的事例来彰显此疗法的显著功效：心理医师对人性秉持乐观态度可以极大地提高军队的士气。无论在战场上还是在平时的生活中，我们都要相信人性本善、勇敢而无畏，因为，这信念即是庇佑我们灵魂生命的坚实盔甲。

生命的多元性

除此之外，还有一种新的真理与人有关，即多元化真理，这也是宗教

在真正幸福美好的生活里，一定会有爱的空间、有食物的空间、有物质保障的空间，还有心智成长的空间。

现在必须正视的。

人不是一个单一的自我，而是由许多自我集结而成：有快乐的自我、受惊的自我、愤怒的自我等细化的人格。人就好比一辆公共汽车，承载着许多个小小的自我，当这辆拥挤的汽车在人生的大路上飞驰时，这些小小的自我就会互相推搡、碰撞或是冲突。

伟大的犹太哲学家萨狄亚在一千年前便已阐明了人类内心的精神拥有多元性这一真理。在其著名论著《信仰和教义》（*Beliefs and Doctrines*）的最后一章里，对幸福的生活做出了具体描述。在章节的伊始，他便指出多样性和多元化是大自然的本质，人也是由众多器官和多样的天性组合而成的。如果我们希望过上美满的生活，就得将各种欲望、兴趣放到一起，进行科学、民主的合理规划，而不是任其相互倾轧，或任由某一个小自我独霸垄断。在真正幸福美好的生活里，一定会有爱的空间、有食物的空间、有物质保障的空间，还有心智成长的空间。

萨狄亚还举了两个有趣的例子，证明人类的体验需要多元化的论点。某一种单一的颜色，比如黄色或是蓝色，看久了眼睛会觉得酸痛，心灵也会感到单调乏味。只有把各种颜色按照一定的需要配比混合在一起，才会形成一幅美丽的图画；单一的音调永远只能回荡出一个音符的声音，很不协调，听久了也觉刺耳，只有把不同的音符按照一定的音律调配好，谱成一曲，才能生成优美动人的旋律。既然视觉和听觉都包含多样性，那么，为了实现我们对幸福生活的美好追求，就需要我们每一个人都能平衡自己的各种天性和欲望，若此，和谐民主的好日子就指日可待了。

萨狄亚虽然是古代哲学家，但他的理论在今天仍然适用——接受自己作为复杂多面的自我，而不是作为拥有单一个性的个体而存在的必要性。我们每一个个体都好比一个小小的国家，不止有一望无际的平坦草原，因

内在的平和是理性生活与和谐精神的源泉，幸福就意味着在恐惧、愤怒、攻击和博爱等诸多问题之间保持可贵的平衡，而成功的人亦能在生活中恰当地体现出这些品质。

为人的精神地势亦变化多端，其间或有山川峰壑，跌宕起伏；或有流水潺潺，曲折蜿蜒。因此宗教有必要让信徒认识到，在一个人的心灵世界里，既存在荒野沙漠，也存在着生机盎然的绿洲。

了解生命是不可避免的多元化存在，并不意味着我们可以允许自己的内心陷入混乱无章的局面，切断原则与原则之间的有机关联，使各种情绪与体验彼此冲撞。每个人都应该对自己负起责任，将自身的生活安排得井然有序。比较理想的状态就是趋于一种统一的模式：将我们的不同个性协调一致，在多面性中寻求一个和谐的自我；将我们不同的情感经历有机结合，在丰富的阅历中形成一个健康平和的自我。

宗教人士应该强调一千年前柏拉图和亚里士多德的谆谆教诲——内在的平和是理性生活与和谐精神的源泉，幸福就意味着在恐惧、愤怒、攻击和博爱等诸多问题之间保持可贵的平衡，而成功的人亦能在生活中恰当地体现出这些品质。

过度专注于我们人性中的某一特定动力或冲动，都会扰乱我们内心的平和。对此，我们必须事先有所觉悟，不管是积极还是消极的人性特征，都会在人生的旅途中出现，也正是多种要素的和谐组合才构成了我们富有创造性的健康生活。不要让任何特定的因素过度膨胀，我们需在太多和太少、过度和不足之间划出一条清晰地红线，让自己养成健康的生活规律，以便使多元的情感特质各自发挥效力。最终，让恐惧、仇恨等负面情感永远从属于勇气和仁爱等积极的情感。

宗教的平衡力

宗教除了可以指导人们认识到内心多元性、均衡性的特质外，还可以避免人们投入极端主义的怀抱。宗教告诫人们：人的一生中既有骄傲兴奋的时刻，也有颔首谦卑的时候；既有无拘无束的欢乐时光，又有不得不依赖他人的日子；既有独立闯荡的历程，又有随波逐流的安然。基督教和犹太教的伦理教育也都强调，傲慢自大是一种罪。

正统犹太教义认为，如果人对自己的愤怒和自满不加以控制，那么他的情感生活就很可能会出现危机。犹太先贤就曾经指出，“如果一个人成为了愤怒的奴隶，那么他就会在心中树立起一尊他疯狂崇拜的邪神形象。”此外，“如果一个人狂妄自大，就好似将自己视为受人敬仰的偶像，这只会让人觉得他是在否定犹太教的基本戒律。”

有一种合情合理的自豪感，在工人、农民、工匠及其他创造者身上，他们常常将勇于开拓、自力更生的个人主义精神体现得淋漓尽致，这种自豪感值得人们品鉴。不过与此同时，这个世界还存在着许多不合情理的理想化“自满”。如斯多葛学派[①]常在社会生活中宣扬：要安于自己所处的位置，恬淡寡欲，企图使红男绿女们，为发乎自然的情感和偶尔迸发的软弱无能感到自惭形秽。它以一个伟大的伦理体系开始，但对很多人来说，其最终的结果却是扭曲了他们的生活。

西方传统思想中的斯多葛主义理想本旨在坚定人的品质，但最常见的结果却是使人变得冷酷无情。禁欲原本的目的是要让人性的根基变得更加坚韧，以抵抗来自命运的各种打击和可能出现的挫折与失败。但实际上，斯多葛学派的思想和实践，却往往让人变得与世隔绝、高傲自大、唯我独尊，厌恶世间的温情。他们中的部分追随者认为，人的软弱无能、攀附依赖着实是一种罪孽，唯有逃离友好的人际关系才能获得解脱。

---

① the Stoics，是希腊化时代一个极有影响的思想派别。其代表人物有爱比克泰德、马可·奥勒留、克里斯普等。斯多葛派认为世界理性决定事物的发展变化，所谓“世界理性”，就是神性，它是世界的主宰，个人只不过是神的整体中的一分子。

有时候，不应该过于相信自己而不敢承认自己也有弱点，以至于在需要帮助的时刻强迫自己一力承担。

开明的宗教教理应谴责这种提倡极端禁欲的理论，因为禁欲会不可避免地滋生出冷漠的性格和虚伪的自豪感。一个人如果将独立奋斗视为一种无上的荣耀，傲慢地宣称，"我从来都是有问题自己解决。我拒绝任何来自其他人的帮助，否则，我只会想要忏悔自己的依赖跟懦弱，而这正是我不愿犯下的罪过。"那么他实际上是将他的"自我"封为神，只推崇一己之能，只臣服于自己的小自我罢了。这种人就是"唯我独尊者"，就像美国作家林·拉德纳（Ring Lardner）所言："每当我遇到这类妄自尊大的人，就知道他的工作会是多么差劲了。"

当然，我们也需要在生活的某些领域保持一定的独立性，这也非常重要。在这个充满了压力和挑战、变幻莫测的现实世界里，被动的束缚自己、无所作为，迟早会被社会所淘汰，我们应该保持积极而非消极的自我去迎面各种生活境遇。与此同时，适时的求助他人，倚赖别人给予我们的鼓励、安慰和建议，是很正常也很自然的事情，就像我们同样会由衷地希望能为求助于自己的人做点什么一样。

我们一定要牢记：有时候，不应该过于相信自己而不敢承认自己也有弱点，以至于在需要帮助的时刻强迫自己一力承担。对于这种甚为普遍的问题与担忧，一味地残酷打压，只会让我们渐渐变得冷淡麻木，甚至是生病，而只有通过与有兄弟般情谊的人同甘共苦，才不至于迷失在自我的心性中，盲目地一路错下去。

脱离与附着

心理学的最新发现强调的是"人的共生现象"。所谓"共生现象"，简而言之就是我们的生活与周围人的生活有着千丝万缕的联系。这个发现修

人有一种特性，就是对自己取得的胜利和遭受的灾难都过于在意。

正了弗洛伊德的早期论点，人都有软弱、不成熟的时候，这让我们站立不稳，随之晃动。尽管如此，我们也绝不可能如斯多葛学派所宣扬的那样，仅凭自己的双脚就能伫立不倒。

美国著名哲学家查尔斯·莫里斯（Charles Morris）曾经谈到，人必须有“适当的超脱和适当的依附”。所谓“超脱”，并不意味着完全脱离正常生活，而是站在智慧的角度上理性的去理解，用斯宾诺莎[①]的话来说就是：“用永恒的眼光来看待事物。”在“超脱”中，我们能够清晰地体悟这个我们赖以生存的世界——远比人类自身更加伟大、更加重要。我们只是沧海一粟，是天地间转瞬即逝的雨露。如此，我们将不能永远地置身其中，不能兼得漫漫时光中的所有经验、体会，而我们的价值只有凭借时间的荏苒来留存、续延了。

“超脱”是一种能力，我指的是我们要有时常反思自己的能力，不必过于紧张或严肃的去批判，而是以一种轻松、诙谐的方式来审视自己，坦然承认自身存在的各种缺陷。比如，我们会为一段关系的结束而心存不甘，愤怒或是失望；会因开口求人却未得到及时回应而羞愤苦闷，但只要我们愿意去认识自己不满的根源所在（从事物中超脱出来，客观地分析），那么，内心的杂音便会自行消散了。

人有一种特性，就是对自己取得的胜利和遭受的灾难都过于在意。为了最终实现内心的宁静，我们需要充分利用这种天赋。故而，“超脱”还包含着另一重含义：敢于将个人的生命放在一个无限纵深的时间维度里来观察；敢于在理智的思索中预先品尝生活将会带给我们的各种失败与痛苦，并在之后的生活实践里真实地体验这种味道，让失败茶水中的苦涩与辛酸慢慢淡化，直至消失。

① Baruch Spinoza，1632–1677，荷兰哲学家，欧洲近代重要的理性主义者。

结语：

个人的生活和全人类的生活都应该奉行长远的而不是短浅的价值观。我们应该意识到，人类文明是一株比我们想象中更为茂盛的大树，其根部渗入在地球的各个角落，虽然会因战火焚烧而使某些枝叶干枯、凋零，但随着季节的更替变迁，必定还会再次枝叶扶疏，硕果累累。我们这些经历过世界大战风暴洗礼的人，往往对脚下冒出的新生命避而不见、麻木困顿，由此，又怎能感受到满载新希望的曙光已经超越地平线冉冉升起了呢。

我们的死去不会让生命真正终结，我们的消失也不会让人类就此灭绝，纵使包括我们这一辈人在内的整个20世纪都退出历史舞台，人类文明也不会随之湮没。所以，我们只有决心尽我们最大的努力继续为人类的文明做出贡献，为那些永远不会邂逅的陌生后辈的胜利而努力活着，让他们能有机会体验我们曾梦想追求的幸福的时代。

这也是一种成熟——灵性的成熟。历史上的无数烈士、圣贤和英雄，正如他们曾为我们而生，为我们而死一样，我们也应继续秉承前人的遗志，为后世子孙做出榜样，成为那不可预知的、充满创造力的新世纪的奠基者。

第三节
英雄的感召

当代心理学实验证实，如果人没有奋力追求的梦想、没有奉为榜样的英雄，内心就不会有真正的安全感和成就感。人类可以忍受生活中的不便或是物质上一时的困顿，但却无法忽略对理想伴侣、优秀同仁，及他们宝贵经验的诉求。正如二战期间，纳粹集中营中的人们所亲历的那样，受管制的人之间是被禁止相互慰藉的，更不要说会让他们追随人群之中的某一位正气浩然的刚毅之士了，如此，人们也就渐渐觉得出逃无望，进而放弃抵抗了。而另一方面，一旦出现他们理想中的人物或是某种期待中的情景，即使是在被剥夺了诸多权利的境遇下，亦不能阻挡他们显示出令人难以置信的勇敢与坚毅。只要读一下安娜·弗洛伊德（Anna Freud）的《战争与儿童》（*War and Children*）一书，你就会发现，哪怕是在纳粹炮火的轰击下、在残垣断壁中艰难地活着的无辜孩子们，也能凭借稀少的食物和优秀伙伴的指引，昂首挺胸的生活下去并与恶势力战斗到底。

物质是世界上最重要的东西吗？不是！理想才是！鼓舞后人英勇拼搏的英雄、烈士、圣贤、导师和领袖才是！这些都是人类在追寻幸福的路程上不可或缺的力量之源。如果没有旁人理性、友好、亲切的支持和援助，人们就无法正常生活。大家都知道，孩子能够健康成长的前提，是有疼爱他们的双亲可以依赖。遗憾的是，我们直到今天也没有充分认识到，其实成年人也同样无法抛开对理想中榜样形象的需求——我们都无可救药地渴望自己也能体现出与他们一样的崇高理想和行为准则，即使这需要用尽我们一生的时间也会坚持信守。

一个人心中的精神罗盘，如果在一生的轨迹中无法被某位理想之星所吸引，那他就会失去生活的方向，无论是在文学还是宗教领域中都广为流传着这一观点。古希腊的教育理念就是要让人们产生与希腊英雄的认同感。正如维纳·耶格教授（Werner Jaeger）在其经典之作《儿童教育：希腊文化的理想》（*Paideia：The Ideals of Greek Culture*）中指出的，"当个人遇到困难时，最有效的引导莫过于古代英雄人物的传记……这就是教育中榜样的作用……"而古希腊作家普鲁塔克（Plutarch）的写作兴趣则主要集中于描绘如何树立伟大的榜样以供后人景仰和学习。他的伟人传记同时影响了几十种文化的发展，使一代又一代人受享其中。自荷马时代以来，贵族教育就一直以传诵那些过往英雄的事迹为教学的基础。

不仅希腊文化如此，犹太人亦是如此。犹太教一向关注榜样的力量，深知英雄角色与人们理想性格的形成息息相关，他们不断强调历代部族首领的崇高美德；赞颂伟大立法者摩西及其不曾减少的继承者们的道德修为。我们甚至可以说，犹太文化的教育理念，很大程度上依赖于向每一个年轻人生动的呈现出伟人的英雄事迹和高尚品德，使子孙后代亦都能努力效仿他们的人格特质，跟随其壮烈事迹的印记继续开创新的奇迹。同样地，基督教也意识到了向信徒宣扬耶稣的理念、称颂其神圣的品行，会对信徒的心灵成长产生巨大影响。

效仿之力

宗教的宗旨之一就是鼓励人“仿效神”。与此相类似的是，在人类的日常生活中亦不乏此类现象——“对人的模仿”。不过这种人与人之间互相认同和学习的现象，在开始时并不被保守的时代背景所认识和接受，直到20世纪才得以显见于众并得到人们的推崇，因为只有到了现代社会，我们才有机会将这种潜意识行为上升至意识层面。

但令人痛心的是，虽然男男女女都渴望像自己的偶像那样拥有许多自己尚未形成的理想品格，但在实际生活中却发现很难真正被一位理想的人物吸引。这或许是源于孩提时代，曾受某些品行不端的长辈的影响所致，在我们的身边，你会发现有太多人在不经意间就走上了父母的老路：或敏感或忧郁的双亲使他们不是生性羞涩、缺乏主见，就是少言寡语、忧愁不安。之所以这样，是因为他们已经不知不觉地成为那些有着不健康个性的模仿者。

故此，宗教应该下定决心，不但要使人挣脱错误思想的枷锁，还要帮助人们摆脱人格缺失者的不良影响与精神奴役，不管对方是父母、手足，还是其他亲友，都应如此。此外，更要鼓励人们摆脱情感上的羁绊，自觉投奔思想成熟的大部队，追随在那些高大伟岸、影响深远的榜样身边，健康幸福的生活下去。

既然我们已经了解到人必然会去效仿他人，那么我们将不得不面对一个至关重要的问题：这种自然的仿效是应把导致我们心胸狭隘、人格缺陷的父母当做榜样，成为某些心灵扭曲者的奴隶呢？还是去选择更加高尚的榜样来实现一种内心的认同过程呢？若要我们亲自选择的话，难道不是应该主动去吸收那些英雄、榜样们的行为典范吗？

我们常常在不经意间变成了传播善恶的根源，就像是健康和疾病的承运者。

在这个问题上，宗教最好能推动人们从虚假、病态和虚空的认同中走出来，有意识地提高自己的认知水平。一方面要帮助人们重视自己的精神来源对自身的影响效力，另一方面，也要帮助人们效仿与自身相匹配的、理想的目标品质。

影响之力

从人所共有的英雄崇拜本能中，可以发现一个令人深思的真理：既然我们会受到周围强势人物的影响，那我们是否可以反过来影响别人呢？是的，无论是正面还是负面的影响，始终都会发生。我们常常在不经意间变成了传播善恶的根源，就像是健康和疾病的承运者——要么是勇敢与神圣的载体，为别人带来幸福和安康；要么就夹带着仇恨与焦虑，让他人遭受痛苦和疾病的困扰，对此谁都无法免疫。只要我们还活着，我们就始终在不知不觉地改变着这个世界，使它向着更自由或更崇高、更压迫或更堕落的方向变化着。

这是一个极其严峻的新任务，它需要我们认真思考藏在问题背后的那些隐而未见的道德使命。我们的言行举止，包括感情、情绪、言语、行为，都会借助人际关系的扩展蔓延到社会群体中去，不是对身边的人有所助益，就是让他们受我们所累。

我们都负有重要的道德责任——我们今天的所有作为将会影响未来世界轨迹的曲直和走向；我们的人格品质也不可避免地要被下一代人所效仿，或许他们会因此得福，又或许会流于诅咒之中。

第四节
大胆承认你的情感

人是会深入思考、理性思维、规划自身行为的自然造物，我们从心底以此为豪。

深入地潜进人类灵魂的最深处，就会发现一口情感的自流井，每时每刻都有心灵之泉由此喷薄而出。如今，心理学已经将这口深井打通，为其命名，确认它的意义，并着手开发它所富含的潜力，造福于人类，让人们都能品尝到它的甜美、感受到它的能量。

但是新的问题亦随之产生——如何运用这种能源。要知道情感也存在极其危险的一面：除非这股情感之流是自由喷涌的，否则灵魂就会因阻窒息而死。现实就是如此，你我的灵魂都一样——没有哪个灵魂不渴望能将真情流露。

借助心理学的研究成果，宗教人士现在必须坦诚面对事实，即要深刻反思在对待情感的态度上，已经误入歧途。现代的自由宗教与过去几个世纪的哲学思想相结合，形成了理性主义的氛围，这种方式可以理解，毕竟宗教需要适当改变过去对教条的过度重视。其中自由派看到大量的传统信仰游弋于人类的情感之海中，借助迷信和神话来摆布他们的命运。为了摆脱这种毫无原则的情感误导，人们奋起反抗，结果却走向了另一个极端，即在抽象理性的冰冷世界中，搭建起一座又一座毫无人情味的冰冷大厦。近代的宗教从某种意义上来说，正介于这二者之间，一边是放纵迷信的情感主义，而另一边则是过度冷漠的理性信仰。

如今，在这个时代的历史潮流中，对情感世界的把握有所偏颇不仅仅是自由派宗教的特点。自17世纪以来，社会对人类情感的本能诉求要么恐惧万分，要么不屑一顾，纷纷转身拜倒在抽象理性的神坛之下。正如怀特海和曼福德（Mumford）一直不断强调的那样，人的情感和特性已被贬低到了主观偏见的范畴之中，原子、分子、电子和数学公式成了定义现实的不二基准。

对人类真实情感进行所谓的理性压抑是一种绝对的谬误，以至于现在已经鲜少有人还能够注意到我们的生活正变得异常失衡这一现实问题。每一个人都过度痴迷于缺乏人性关爱的科学境域，把客观性视为了进步的标志，并为在判断力中掺入自己的主观感情而倍感羞愧。

难怪生活开始变得越来越肤浅，人性变得越来越冷漠无情、迟钝呆板！怎么可能不是这样呢？人失去了人性，就不在完整，这部分还在纯理性的祭坛前祭奠，而另一部分所含带的情感却已经被病态的“暴君”所夺去了。

我们这个时代的独裁者们已经意识到，由于人们长久以来过于依赖纯科学的食粮，以至于在道德和精神的层面上缺乏营养，难以维持正常运转的机能。于是，他们便跳动死亡之舞，高举染血的大旗，向被科学和宗教抛在脑后的人类的情感国度大举入侵。我们实在无须对他们的吸引感到讶异，他们用有毒的食物来喂养人们无力的精神需求，因为他们很清楚，人们倘若终日按照物质科学抽象而机械的原理生活的话，内在的人性就势必会逐渐弱化。此外，人们还受“一切向钱看”的动机驱使，不达目的决不罢休，把自己变得像“老虎机”一般，丧失了本我的感情、创造力和活力，成为一部冰冰的赚钱机器。

人类的情感如果没有合理的发泄渠道，就会转而寻找“不正当”的突破口。当崇尚道德的宗教都无法让它的信徒填满情感的空洞时，就会给种族主义和部族主义等践踏道德的信仰以可乘之机，惑乱信众。

当然，人类的情感之所以会日渐淡薄也是有其历史成因的。大致可以规整为：在弗洛伊德理论出现之前，人们将情感看做是自身天性中过于原始、幼稚的部分。但自从弗洛伊德学说问世之后，人们才逐渐意识到，情感是理性之母，是艺术、科学、文学、宗教的源泉，是生命不可或缺的根基。

自由的宗教必须得有此觉悟：人若想使人格趋于完整并获得自由，就必然要承认恐惧或蔑视人性宝贵的情感是一种罪。人可以在口头上对情感之事避而不谈，但在行为举止中，却不可避免地会表露一二。情感其实是一种动态的能量，它能够推动社会文化中的各个领域向前演化，每一种文化创新、技术发明都离不开它。所以，情感并不可耻，也不是什么劣等的次品，而是人类生活中最合理的存在，是使人类精神逐步渐近成熟的一个最具效力的要素。

当然，对于情感，我们不能听之任之、放任自流，而是要用一定的标准加以引导。不要再用异样的眼光看待情感，它既不陌生亦不卑贱。不管我们承认与否，尽管它常常像隐者一样陪伴在我们身边，但并不代表它不曾真实存在过。对此，应该让自由派宗教也认识到这一真理——只有将人性坚韧的品质系于理性之上，幸福自由的新时代才会降临。

在早期旧形式下的犹太宗教中，牧师们就已经发现了情感在犹太人的集体生活中所发挥的重要作用——若能善加利用，则可以帮助人们释放自身的躁动、愤怒等负面情绪，以更大的激情来实现自己的梦想。

现在，就让我们来领略一下那些犹太教圣日所带给人们的震撼吧，它们被安排的如此巧妙，着实令人敬畏：

新年和赎罪日是犹太民族的集体忏悔日。人们都会在这一天清晰地将自己的歉疚与所犯之罪诉诸于口，以求得到谅解和宽恕，或是被理解和祝福，人们以此来净化自己的心灵，然后再心境平和地回到自己的生活中去。在此过程中，没有谁会去压制这种发乎于心的表达，更不会有谁会去强迫人们说出自己的缺点、不足或是罪业。住棚节，是一个庆祝丰收的重大集会，人们自发地组成狂欢的队伍，载歌载舞、手摇香橼，以表达自己的感激之情。而到了冬天，犹太人民又迎来了光明节和普珥节。在这两个特别的圣日里，教会通过点燃哈努卡灯、禁食、吟咏、唱诵等方式让人们表达出积极的个人情感，提升自己的民族自豪感，并以此来升华那些压抑于心的愤怒和仇恨情绪，使它们通过正面的渠道发泄出来，从而让人们的心灵能够因此种净化而归于宁静。另外，逾越节所要表达的含义是关于人们对自由的无限向往。而五旬节，则是神降授《十诫》的日子，人们通常会在这一天表达对律法的设立以及愿意接受并履行的敬畏之情。

凡上种种，我们可以看到：在犹太历中，每一个圣日的设定都深具智慧的寓意，巧妙的通过各种方式让人们有序的、合理的、系统化的调节自己的情感，洗涤精神上的污渍，使人们始终保有自身灵魂的生命活力。这与今天心理学家们所提倡的“情感的宣泄与升华”如出一辙。

在默默地祈祷声中，在热情欢快的歌舞律动中，在家庭集日和教堂举办的庆典等仪式中，犹太人民可以仰赖各种形式表达出内心的需求和情感。广义上而言，这也极大地促成了犹太民族集体精神的健康发展，形成强大的民族心理韧性。

在黑暗的中世纪里，犹太圣日和各种节庆便自然成为饱受歧视、苦难和压迫的犹太民族在精神上出离困境与屈辱的救赎方式。东欧的哈西德派[①]教徒和现代犹太人的先驱们，也都在以各自的方式来梳理情感，这不但使他们能够适时倾诉自己的情感遭遇，且在对神及生命表达崇敬之情的过程中，也对自己的思想和生活多了一分尊重跟思索。然而，如今的犹太教在偶像崇拜和理性主义的冲击下，一次次地被否定、被批判，加之现代人对纪念仪式的日渐淡漠，使得此类重要的方式慢慢地失去了其原有的效用。

如前所述，借助象征性仪式和典礼的帮助，信徒们可以安然释放自己的情绪能量，并将其凝结为精神和道德的圣水，为心灵洗礼。而如今，弗洛伊德理论业已指出了情感之于人类精神领域的导向性力量。由此，我们可以想见，宗教恰恰能够顺应这一真理，将此力量受惠于人，使善男信女在情感之力的庇佑下回归真正理智的自我。

① Hasidic，犹太教的一个虔修派，18世纪在东欧犹太人中间兴起了犹太教振兴运动。

第五节
宗教与心理学的联合

当我们携手走到心灵宁静的终点时，就会发现宗教和心理学之间竟存在无数的相似之处！两者都强调宽容与平和——注重个体内在的宁静，也珍视人与人相互间的和谐共存。

人们互结的情谊如兄弟般亲密，各民族、各种族间能够相互融合，亲如一家——这一数千年前犹太众先贤们就极力倡导的精神理念，也正是现代心理学家们的目标所在。现在，我们已经对神的一元性和人的多元性并行不悖这条真理有了一定的认识（即宗教所宣扬的神是统和人世间一切的存在，万物终将归一，以及心理学所阐述的对人格多样性的分析是为了最终使人们达到心灵上的和谐统一），从中我们的确可以比照出诸多的相似之处。此外，还有无数其他的相似之处……

首先，宗教与心理学都有极为长远的洞见。就像犹太人民在犹太教这个预见性敏锐的宗教的带领下，在当时那令人窒息的环境下毅然创建并坚守自己的精神家园，相信救世主弥赛亚时代必定会降临（于最终创造出“流

人类生命所包含的内涵远非我们表面上看上去的那样，所以，忽略我们通过努力开拓而得来的精神能量，把生活的表象视为生活的全部是极其荒谬的。

而不散的历史奇迹”）一样，如今的宗教也会将现代个人和社会从所处的黑暗和悲剧中拯救出来。而心理学，则比较看重宗教在放眼未来时所具有的觉知，因为心理学认为，人类的自我只有在对未来满怀希望时（在支离破碎的现实面前仍然相信，自己可以在不可知的未来中求得更好的发展），才能够长远的存续下去。

其次，宗教强调信仰是实现幸福和内心平和的基础，必须加以重视。在这一点上，心理学的观点亦与其相对应。就实现这种成熟的信仰之力的可能性而言，心理学则认为人类要以掌控自己的情绪行为，将自己的全部自我调整至与之匹配的程度为前提；相信自己有能力依照现实情况而非遵从快乐原则而生活；相信与他人为伴，遵循人类共同的需求而生活是与我们的本性相宜的。

最后，在那些隐而未见的领域，两者亦显示出其超然的洞察力。如弗洛伊德就曾指出，人类生命所包含的内涵远非我们表面上看上去的那样，所以，忽略我们通过努力开拓而得来的精神能量，把生活的表象视为生活的全部是极其荒谬的。虽然我们看不到自己的潜意识，但却不影响它一直存在并作用于我们的自我之中。同理，尽管我们从未与神照面，但神的恩典却永远伴随在我们的身边，支持并鼓励着我们。这两者固然都无法在肉眼中显见，却都是在苍茫宇宙中最为真实的存在——我们可以在所有生命的痕迹中证得其影响。

宗教总是教导人们，真理必定存在于神创造的世界里，人们终将无法规避对生命的标准和对理想的诉求。这本书读到现在我们已经了解到，心理学是如何为宗教信仰提供行之有效的科学证明的，以及我们应如何坦诚面对自己的情感生活。就此，我们业已能够从中深刻的感受到只有真诚地与自己和他人对话，直面真相，才能够用爱和勇气战胜悲伤和死亡。

为什么人类拥有如此巨大的能力，却仍感与幸福生活和内心安宁相距甚远呢？

宗教对于人性和宇宙本质的看法并非仅仅是乌托邦式的白日梦。这些信仰非但不是虚幻的，反而与现实中体现世界本质的确凿证据互相呼应。它为人类带来富含深刻含义和美好希冀的启示，为人们展现出了一个建立在现实真理、手足情谊、理想主义、英雄主义、仁爱和宽容原则之上的稳定世界。而另一方面，心理学则用它特有的方式，凭借理性的规则和严谨方式，巩固并证实了宗教的上述信条。

现代心理学通过其惊人的新见解深刻揭示出了人类心灵的微妙性和复杂性，故而可以帮助宗教调整某些传统的观点，摒弃那些怀疑人性的教条。换句话说，宗教应该放弃人类是带着缺陷降生的，性本恶且生来有罪的陈旧观念，因为对人性的否定正是多年来一直阻碍着我们走向幸福和美满的主要障碍。宗教必须拿出勇气承认自己的错误，然后凭借其影响力和感召力去努力创造一个精神自由、生活幸福的人类家园。同样地，宗教还必须谦虚地采纳心理学提供的启示，促使人类能够及早打开衔接宇宙终极秘密的大门——为什么人类拥有如此巨大的能力，却仍感与幸福生活和内心安宁相距甚远呢？

如今，现代心理学的新发现和启示，有助于我们破解部分密码。试想，如果对他人、对自己要求过高而使内心倍感压抑和痛苦；如果人始终未曾学会适度自爱的艺术，反被贪婪的自私心理所摆布；如果人的内心一直被恐惧的阴影所笼罩，迟迟不敢坦然面对自己的情感，又不懂得如何去超越它；如果人逃避成熟，拒绝担负起成人应有的责任——那我们又怎能指望这样的人会努力为他自己打造美好的生活，并与其他人携手共建一个和谐美好的社会呢？这样的人又怎会悟得尘世的宁静，望见永恒的天国呢？

直到心理学的出现，我们才第一次真正看清了情感的压抑和扭曲是多么的可怕，而正是这些异常的心态，让人一直以来都无法将宗教的美好理想转化成现实。如今，我们对自己的内心世界已经有了足够的了解，那么让我们来尝试着从自身做起，借助宗教的启示，将这些新的道德戒律铭记心中吧：

一、你不必害怕内心中的那些隐而未见的情感冲动。

二、你应该首先学会尊重自己，然后才能像爱你自己一样，去爱你的邻居。

三、你要超越自己的内在焦虑，认识到你真正的能力和勇气。

四、面对悲痛，你应该咬紧牙关，不必因此而垂头丧气、萎靡不振，也不要去否认心中的伤痛，更不能逃避它、绕开它，而应当挺起胸膛，感受它、接纳它，并在友人的关爱和帮助下战胜它。

五、你要永远尊重真理，领会其深意，并心怀善意地将之传达给你的同事、你年幼的孩子或其他兄弟姐妹。由此，在真理的光辉照耀下，你就能与同伴们一起找到疗治心灵和获得救赎的方法。

六、反观自己的内心，你要看到自己是否还存有孩子气的一面，是否会受此影响而做出不成熟的判断和决定；你必须抵制逃避自由、逃避成熟的冲动，将这些与你人格极不相称的负面情绪尽数抛弃；你应该拒绝对权威的盲从和依赖，不再因寻求虚假的自我安慰而受“全知全能”的父亲式偶像的奴役；你应该与兄弟姐妹们携手共建一个人人成熟、人人平等的完美国度。

七、你应该根除虚妄的怀疑心态，埋葬反复无常的任性脾气，清扫你和神之间的一切障碍，不可以因一己的情感创伤和心灵的伤口而把神当做替罪羊；你应该挣脱心灵的锁链，放开步伐向神狂奔而去，在神的面前接受真理源泉的浸礼，从神的手中接起内心的宁静，与神产生灵性的终极交融，获得永生的幸福。

鸣谢

《通往内心安宁之路》一开始是为查尔斯·艾略特（Charles W. Eliot）在犹太宗教学院的讲座而准备的演讲材料。在此我要感谢校长斯蒂芬·怀斯博士（Dr. Stephen S. Wise）的盛情邀请，让我有机会能够就心理学和宗教两方面来发表一些浅薄的看法。同时，我也要真挚的感谢多位友人的鼓励与支持，促成本书得以顺利面世。

这几年，我与纽约大学杰出学者、犹太教士纳森·克拉斯博士（Dr. Nathan Krass）过从甚密，从他的智慧中汲取了很多养分，并由此获得了强烈的灵感。我要特别感谢我的好友，芝加哥大学的罗伊·格林克博士（Dr. Roy Grinker），谢谢他将我领进了心理学研究的全新世界；感谢芝加哥大学的好友所罗门·高曼博士（Dr. Solomon Goldman），多亏了他渊博的学识，让我的众多问题迎刃而解。我要感谢纽约犹太神学院的莫狄凯·卡普兰教授，谢谢他抽出时间审阅本书的初稿；感谢我的人生挚友、希伯莱联合学院的弗兰斯布劳教授夫妇（A. N. Franzblau），谢谢他们的耐心和建设性意见；感谢著名心理分析学家爱德华·比布凌博士（Dr. Edward Bibring）和格莉特·比布凌博士（Dr. Grete Bibring）夫妇，谢谢他们通读全书，提出了许多宝贵意见；感谢才华出众的小说家、编辑兼散文家亨利·莫顿·罗宾逊（Henry Morton Robinson），谢谢他在编辑上提出的关键建议与指导；我还要感谢我的挚友、知名心理学家，哈佛大学的埃里克·林德曼博士（Dr. Erich Lindemann），谢谢他在我撰写本书的过程中对我始终如一的鼓励与支持。

对我的两位秘书伊妮德·罗森·杰克逊（Enid Rosen Jackson）和贝茜·伯曼（Bessie R. Berman）在收集材料、资料准备和正式写作期间所给予的宝贵帮助，也在此表示衷心的感谢。